U0397730

PCR 传奇

Making PCR

A Story of
Biotechnology

一个生物技术的故事

[美]保罗·拉比诺 著

朱玉贤 译

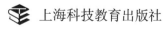
上海科技教育出版社

对本书的评价

◇

　　对于基因研究，如果说最重要的发现是DNA双螺旋结构，那么最重要的发明当属PCR技术（也就是这几年大家非常熟悉的核酸检测技术）。这种技术能够在短短几十分钟内，把目的序列在体外迅速复制亿万倍，极痕量的基因也能轻松检出。PCR技术在1983年被发明，10年后获得了诺贝尔化学奖，然而其得主穆利斯始终争议缠身，包括他公开承认发明PCR技术的灵感与服用致幻剂有关。这部作品采访了大量亲历者，完整再现了这项技术问世的全过程，以及团队成员间的恩恩怨怨，现场感极强。作者更以犀利甚至是批判的视角，向读者们呈现了科学的复杂和局限。

——尹烨，华大集团CEO，生物学博士

◇

　　拉比诺描述了一幅……关于发现过程的图景，梳理出每一个可能的细节。……这是一本有趣的读物，对于发现本身被扭曲的过程我们该如何理解，它提出了许多问题。

——戴维·布拉德利（David Bradley），

《新科学家》（*New Scientist*）

◇

　　拉比诺的书属于一个新兴的流派：关于科学家在实验室里实际做什么的人类学研究。……这举动相当大胆。

——丹尼尔·扎莱夫斯基（Daniel Zalewski），

《通用语》（*Lingua Franca*）

◇

　　这本书讲述了一个奇异的领域，里面有生物医学研究，有探索……拉比诺描绘了一支舞蹈：科学家们在学术界和商界间来去往返。

——南希·莫尔（Nancy Maull），

《纽约时报书评》（*New York Times Book Review*）

内容提要

本书依据大量第一手文献和访谈材料,生动揭示了当代重大生物技术发明PCR(聚合酶链反应)的动人内幕,深入考察了PCR从理论概念孕育到实用工具开发的曲折历程,充分展现了西特斯公司科学家在20世纪80年代挑战学院科学体制,造就高风险、高回报的风险资本环境的开拓创新精神。本书尤其传神地再现了1993年诺贝尔化学奖得主穆利斯"发明"PCR的富有传奇色彩的"历险记",探讨了生物技术产业发展的科学、技术、文化、社会、经济、政治、法律诸多因素,是一本不可多得的科普佳作。

作者简介

保罗·拉比诺(Paul Rabinow),加州大学伯克利分校人类学教授,著有《摩洛哥田野作业反思》(*Reflections on Fieldwork in Morocco*),与于贝尔·德雷富斯(Hubert Drey-fus)合著《福柯——超越结构主义与解释学》(*Michel Fou-cault:Beyond Structuralism and Hermeneutics*)。

献给勒布朗(Le Blanc)先生

CONTENTS 目录

目　录

001— 致谢

001— 引言　以科学为业

019— 第一章　走向生物技术

046— 第二章　西特斯公司：一股可信赖的力量

078— 第三章　PCR：实验氛围+概念

112— 第四章　从概念到工具

137— 第五章　真实支票

165— 结语　一个简单的不起眼玩意

178— 图片

180— 关于访谈的说明

181— 注释

191— 参考文献

致　谢

没有众多科学家的积极参与和无私奉献，本书的写就一定无法想象。我在此向怀特（Tom White）、盖尔芬德（David Gelfand）、厄利克（Henry Erlich）、沙夫（Steven Scharf）、才木（Randall Saiki）、安海姆（Norman Arnheim）、利文森（Corey Levenson）、丹尼尔（Ellen Daniell）、夸克（Shirley Kwok）、普赖斯（Jeff Price）、穆利斯（Kary Mullis）、奥雷戈（Christian Orego）、比林斯（Paul Billings）、鲍曼（Barbara Bowman）、斯宁斯基（John Sninsky）、法罗纳（Fred Faloona）、萨里奇（Vincent Sarich）、法尔兹（Robert Fildes）和韦斯（Judy Weiss）等人表示衷心的感谢。

同样，没有科学社会学界许多同事的热情帮助和指导，本书也一定无法写就。特拉韦克（Sharon Traweek）、希思（Deborah Heath）、洛伊（Ilyana Lowy）、赫思（David Hess）、唐尼（Gary Downey）、费希尔（Michael Fischer）、杰默（Soren Germer）、罗思柴尔德（Frank Rothschild），以及克龙德拉塔（Raymondus Krondratas）等人，都通读了这本书的手稿并进行了润色。我感谢加州大学伯克利分校社会学系和历史学系中大量专攻科学技术史的学者们，他们为我提供了许多极有价值的意见。很抱歉，我不能更直接地引用他们的观点和看法，聪明而有耐心的读者一定能从本书的字里行间读出这些东西。我相信我的同事们会意识到我这样做是为了吸引更多的读者，包括那些不熟悉科技语的读者。

我感谢霍尔（Stephen Hall）、莱因伯格（Hans-Jorg Rheinberger）、帕尼西提（Michael Panisitti）、佩特里那（Adriana Petryna）和莱尔德（Bob Laird）等人对手稿进行了非常认真、仔细的阅读，他们帮助我确定了这本书的框架。

我的朋友福比昂(James Faubion)和比尔(Joao Guilherme Biehl),从道德和知识两个方面提供了最有价值、最无私的帮助。没有他们的关心,这本书甚至我的生活将遇到更大的困难。

普林斯顿大学出版社的默雷尔(Mary Murrell)和牛津大学出版社的詹森(Kirk Jensen)两人在阅读了本书的初稿以后,提出了很有见地又专业的修改意见,他们的坦诚对于本书的最终出版发行有决定性的作用,我为自己能与这些编辑交换意见而感到高兴,永远不会忘记他们的帮助。

芝加哥大学出版社的艾布拉姆斯(Susan Abrams)对本书提出了一针见血但令人信服的批评建议,我为自己遇到了这样一个忠于并热爱本职工作的编辑而感到无比的幸运。

人种志方面的工作以及本书的写作得到了联邦研究基金的资助(同行评议制度万岁! 衷心地希望我能活到为他人评审那一天),胡特纳(Suzanne Huttner)和加州大学生物技术发展基金会向我提供了购买计算机的经费,在此也向他们表示感谢。

最后,我还要感谢调皮捣蛋的马克(Marc)和始终不渝的玛里琳(Marilyn)。

引言

以科学为业

请允许我再一次把诸位带到美国去，因为在那里可以经常看到这些东西最纯的原始形态。

——韦伯（Max Weber），《以科学为业》

（Science as a Vocation）

《PCR 传奇》记录了 PCR（聚合酶链反应，可以说是到目前为止生物技术史上的典范）发明的人文历史事件，包括时代背景（美国西特斯公司，20 世纪 80 年代）和关键人物（科学家、技术人员和商人），是他们造就了 PCR 技术以及产生该技术的社会环境，而 PCR 及其社会环境又反过来成全了他们。由于 PCR 技术极大地扩展了遗传物质鉴定与操作的可能性，它已经对分子生物学的现实与前景产生了不可估量的影响。PCR 技术有助于鉴定某一特定 DNA 片段，因为它能在短时间内精确地复制出百万倍的该 DNA 片段，使一度非常稀有的实验所需遗传物质变得丰富。遗传物质不但总量变多了，而且不再受限于活的生物体。虽然克隆也能使稀有的遗传物质变丰富，但该法的缺点在于必须采用活的生物体作为复制遗传物质的载体。PCR 在摆脱此种活体依赖性方面前进了一大步，而这一步促成了基因操作效率的提高以及更重要的基因操作灵活性等方面的进步。PCR 用途之广泛可以说是令人难以置信的,科学家已能有规律地由此造出新机器、发现新用途。PCR的新用途为科学研究开辟了新方向,而这些新方向又反过来为PCR提供了新用途。在不到10年的时间里,PCR已经成为所有分子生物学实验室的一个常规技术,同时又是一件不断改进的工具,它的生长能力没有显示趋向平稳的迹象。

本书集中展示了从1980年左右开始兴起,具有明晰的科学、技术、文化、社会、经济、政治和法律要素的生物技术的全貌,而每一个要素本身都具有各自不同的沿袭于早先年代的轨迹。它探讨了那些选择在这个新兴产业中工作,而不是到大学世界中追求学术前程的年轻科学家创造的"生活方式"或"生活规则"形式,它还包括了公司商业领袖人物的远见,因为他们中的一些人离开了跨国制药集团较有保障的堡垒,只身投入这一更有风险但相应有可能获得更高回报(包括工作、收入、权力和名誉等方面)的事业。总之,这本书展示了一个偶然聚集成的企业如何兴起、如何包容不同的**人物**,展示了企业工作者的**氛围**和他们所创造的**产品**。

我在1990年开始写这本书时,尽管持怀疑态度,还是常常被有关高新技术产业奇迹般的知识据称所带来的认识生命的新纪元,以及对医疗卫生行业无与伦比的前景所触动。《纽约时报》(*New York Times*)每周一次的科学版很少不声称每一个新发现或每一项技术进步"都可能导致最终攻克癌症或艾滋病"。这些宣称看起来不怎么像客观公正的新闻报道,而更像专门为吸引风险投资而写的广告词。在我看来,这些报道与其他场合出现的认为人类基因组项目将不可避免地导致遗传歧视*的反面说法同样应该受到重视。虽然双方都很可能被证实是对(或错)的,但对生物技术前途的任何断言都很可能为时过早,两极化宣传

---

* eugenics,国内一般译为优生学,此种译法不甚恰当。——译者

看来是错误的。不管未来将提供什么样的奇迹或噩梦,我都同意这种观点:新的研究机构设置和新文化实践已经在生物科学界**兴起**。[1]我认为,马上开始学习足够多的分子生物学知识,将其变成自己的理解并为此负责,这太值得了。作为一名人类学家,我对**生命形式**在实验室内外的产生过程(不管它是暂时性的、多变的还是紧急的),都感兴趣。

什么是PCR

先了解些常识可能有好处。什么是聚合酶? **聚合酶**是一种天然产生的酶,一种能催化DNA(包括RNA)形成和修复的生物大分子。[2]所有生物体的准确复制都依赖于这个酶的活性——科学家已经学会了调控这一活性。在20世纪80年代,西特斯公司(成立于1971年的世界上第一家靠重组DNA技术起家的公司)的穆利斯(Kary Mullis)构思了一种方法,能沿着单链DNA的某些特定位点起始和终止聚合酶活性。那么,什么是**链反应**呢? 穆利斯认识到,利用分子复制技术的链反应环节,目标DNA就可能被以指数形式扩增(见图1)。

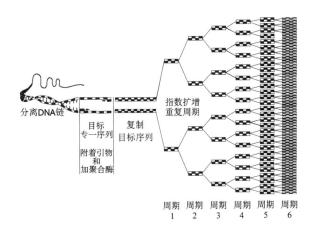

图1 聚合酶链反应

当西特斯公司的科学家最终以可靠的方式如愿以偿成功地实现了聚合酶链反应以后,他们就掌握了一项威力巨大的技术,能基本上无限量地向分子生物学家和所有在工作中有需求的人提供精确的遗传**物质**(见图2)。

周期	拷贝
1	2
2	4
3	8
4	16
5	32
6	64
7	128
8	256
9	512
10	1024
11	2048
12	4096
13	8192
14	16 384
15	32 768
16	65 536
17	131 072
18	262 144
19	524 288
20	1 048 576
21	2 097 152
22	4 194 304
23	8 388 608
24	16 777 216
25	33 554 432
26	67 108 864
27	134 217 728
28	268 435 456
29	536 870 912
30	1 073 741 824

图2 指数扩增

虽然能非常简单和方便地将PCR定义为一项**技术**,但这样的硬性划分容易使人忽视PCR的发明史,从而掩盖其出现的偶然性和创造PCR的实践与主体。第二个容易回答的问题是说出PCR这一**概念**的发明者。最明显的候选人当然是穆利斯,他因为发明PCR而获得了1993年诺贝尔化学奖。但是,我们将会看到,这种回答受到了驳斥。其他科学家和技术人员,包括厄利克(Henry Erlich)、安海姆(Norman Arnheim)、才木(Randall Saiki)、霍恩(Glen Horn)、利文森(Corey Levenson)、沙夫(Steven Scharf)、法罗纳(Fred Faloona)和怀特(Tom White)都在造就PCR的理论和实践过程中起过关键作用。直到出现有意义的**实验系统**,才算有了PCR,这是第三个有争议的观点。这种观点认为,光凭构思一个概念是不够的,科学的进步必须包括发明一套办法来成功地将蓝图变为实践。

技术、概念和实验系统

当享有盛誉的《科学》(*Science*)杂志于1989年12月将PCR和它所使用的聚合酶命名为第一个"年度分子",该刊编辑科什兰(Daniel Koshland Jr.)对PCR提供了一个简明扼要的解释。科什兰和盖耶(Ruth Levy Guyer)在"展望"栏目这样描写PCR:

> PCR的起始材料"目标序列"是DNA上的一个基因或片段。在几个小时内,该目标序列能被扩增超过100万倍。双链DNA分子的互补链经加热后解开。所谓引物,就是两条很短的合成DNA,它们分别与目标序列两端的特定序列互补。每个引物都与它的互补序列相结合,于是,聚合酶就能从引物处开始复制它的互补链,在非常短的时间内产生与目标序列完全相同的复制品。在后续的循环中,无论是起始DNA还是

其复本的双链分子都被分开成单链,引物再次与其互补序列结合,聚合酶也再度复制模板DNA。多次循环以后,样品中目标DNA序列的含量大大增加,经扩增后的遗传物质就能被用于进一步的分析研究。[3]

在完全用分子生物学技术术语描述了PCR以后,科什兰和盖耶断言:

> 第一批有关PCR技术的论文发表于1985年。自那以后,PCR已经发展成日益强大和有广泛用途的技术。1989年的PCR"爆炸",可以被看作方法论上的改良与优化、PCR基本要素基础上的技术革新以及越来越多科学家掌握了PCR技术真谛三者结合的产物。有了PCR,极少量嵌入的或遮蔽的遗传物质也能被扩增产生大量一般实验室都能得到的、可用于鉴定和分析的材料。[4]

对科什兰来说,PCR是一项多快好省技术,它的存在应该从发表第一批科研论文的1985年算起。专家们差不多用了4年时间来评价这项技术的潜力,而范围更广的学术界要用更长的时间才可能开始真正探明其威力。

《科学》杂志在1985年发表了第一篇关于PCR的文章。该杂志在1986年3月拒绝了一篇由穆利斯所撰写的描述PCR技术的文章,编辑部给他回了一封标准格式的拒稿信:"这篇文章虽然通过了评审委员会的初选,但不幸的是,专家对本文的评审结果并没有像对同时期拟录用手稿那样积极。所以,尊稿无力竞争我们这里有限的版面。"[5]科什兰在他的"年度分子"简史中没有提到穆利斯。这个"年度分子"没有作者,科什兰只字不提谁发明了PCR。在他所提供的科学文献中,也没有说"天才"是谁,甚至没有说哪个发明家与PCR有关。

在送给史密森学会生物技术档案馆的文章中,穆利斯没有把PCR

定义为一项特定技术，也没有把它定义为一组技术，而认为它是一个概念。对穆利斯来说，PCR 产生于他孕育出这个概念的那一刻。他认为使这一概念成为现实是第二位的。穆利斯说：

> 能放到 PCR 发明史上"啊哈！我找到了！"显著位置的事件，不是如何一步步组装相应的环节，……不是你如何使 DNA 变性，再复性，也不是如何使 DNA 链扩延，而是你得三番五次这么做，把一小段 DNA 与它所在的染色体整体结构相分离，从而获得所需要扩增的片段。只有这样，人们才会说："我的天哪，你能用这个方法从任何一个复杂的染色体 DNA 成分中分离所需的 DNA 片段。"我想，这才是 PCR 构思中真正的天才创举所在。……在一定意义上，我只是像发明家总是做的那样，把一些本来就存在的因素合在一起。因为一般情况下，你无法创造出新因素来。新的因素，如果有的话，也仅仅是已知因素的重新组合，或其新用途的开掘。……我能反复做到它，我能用我独有的方式做到它，是 PCR 这一发明的核心。……用法律术语来说，"用出乎意料的办法来解决一个悬而未决的难题"才是发明，而 PCR 正是这样的发明。[6]

穆利斯的说法当然有其合理的部分。他认为组成 PCR 的特定技术本质上都不是新东西。但是，他关于技术因素不能被创造的泛泛之论却完全不令人信服。许多技术，像合成寡核苷酸(有确定长度和组成的核苷酸短链)技术、研制 DNA 在其上被电流迁移的电泳凝胶(用于分离不同分子量的 DNA 链)和 DNA 转膜及检测技术等的发明日期都是肯定的。创新性的、强有力的、有意义的，当然还是将这些现有技术结合或组装起来的概念。

此外，尽管穆利斯认为 PCR 解决了一个悬而未决的难题，他却从来没有点明这个难题是什么。西特斯公司的技术员沙夫似乎看得更清楚些。他说,真正惊人的是PCR完全**不是**为解决某一个难题而设计的,该技术成熟之后,它所能解决的难题才开始涌现。[7]毫无疑问,PCR的一个显著特征就是其应用领域极其广泛。在许多情况下,它的用途之广甚至超过了它的"适用性"。PCR是一件有能力创造新应用环境和新应用主体的工具。

现在,几乎所有人都承认是穆利斯建立了PCR概念。但是,一群原来在西特斯公司的科学家和技术人员坚持认为,只有当**实验系统**完全建成时,PCR才是一个科学上的实体。照这个观点,PCR不仅仅是一系列互不连贯的技术因素,也不仅仅是这些因素啮合而成的有明显创造性的概念。这个概念必须经受实践的检验,必须能产生符合科学规范的结果。厄利克在开发PCR的那些年曾任西特斯公司的资深科学家,现任职于罗奇分子系统公司,他指出:"只有当PCR仪被造出来,或被开发出来后,PCR法才成为有用的技术。"[8]在1984—1985年,西特斯公司有两个专攻PCR的研究小组:穆利斯和法罗纳(一个没有大学文凭的研究助理),在他们的实验室里工作的一部分资深科学家和高级技术人员。第二个小组花了半年时间获得可信赖、可发表的实验结果,又花了将近两年时间获得了一系列足以保证实验结果高度专一和灵敏的试剂与技术,充分展示了穆利斯的概念所应具备的广阔前景和适应性。厄利克和西特斯公司的其他科学家看来都同意雅各布(François Jacob)*的名言:"所有生物学研究都以选择一个'系统'开始。这一选择决定了实验者的运作空间,他所能自由研究的问题的性质,甚至也常常决定了他所得到的答案类型。"[9]

---

* 法国生物学家,1965年诺贝尔生理学或医学奖得主。——译者

发明

那么,到底是谁发明了PCR? 曾是西特斯公司科学家的安海姆这样回答我:"构思、开发和应用都是科学研究的对象,而定义'发明'应该是专利律师的事。"[10]大约在《科学》杂志将PCR命名为"年度分子"的时候,杜邦公司的律师们却在忙于组织起诉西特斯公司,挑战后者关于PCR的专利持有权。杜邦公司声称,PCR根本不是新东西,早在20世纪60年代后期,它的所有组成部分就在诺贝尔奖得主科拉纳(Har Gobind Khorana)*的实验室里被发明了。[11]陪审团对50多个不同的要点进行了表决,一致认为西特斯公司1987年的专利有效。因此,在法律上,谁发明PCR的问题得到了解决。那么,陪审团是不是作出了正确的决定呢?如果PCR确实不过是一系列已知**技术**,那么它的关键环节完全有机会在1983年穆利斯使DNA分子摆脱染色体结构的束缚并获得指数扩增的PCR概念化完成以前出世。然而非常奇怪的是,在发明这一系列据说就是PCR技术以后的15年内,居然没有一个所谓的发明家应用这种技术,开发与此相关的产品,或者给它申请专利。[12]我们是不是能这样说:这些技术确是以前产生的,但这个概念是新的。说通俗点,我们已清楚,在穆利斯的概念以前,**不存在PCR!**

如何定义"发明"这个词,不仅对专利律师是一个问题,对记者、历史学家、诺贝尔奖评审委员会和诺贝尔奖候选人以及人类学家都是一个问题。PCR当然有可能提前被其他人发明,因为其必备的技术和可行的实验系统都存在,缺少的只是概念。到目前为止,还没有为什么不能在70年代就想出这个概念的圆满的理由,这使我们略作推测,什么因素有可能成为当时其他分子生物学家和生物化学家关注的焦点。一种说法认为,在当时的分子生物学界和生物化学界,占支配地位的是

---

* 美籍印度裔生物化学家,1968年诺贝尔生理学或医学奖得主。——译者

DNA操作技术。科拉纳和他的同事们正忙于构建基因,他们想得到大量该基因的DNA片段。20世纪70年代初出现的克隆技术,通过驾驭已知的生物学过程,提供了达到这个目标的工具,它虽然不是在体外以指数形式扩增,却能产生研究所需的足量的体内DNA拷贝。技术确实在为生物学服务,尽管现在回想起来,科拉纳实验室的科学家离PCR已经不远了。历史事实却是,分子克隆和其他技术解决了他们的问题,一旦手中掌握了足以保证他们完成任务的技术,科拉纳和他的同事们理所当然地停止寻找其他扩增DNA的可能途径。

有一点很重要,穆利斯当时没有要解决的生物学难题,尽管西特斯公司的其他人都有这种任务,穆利斯本人是在研究β珠蛋白基因突变的过程中孕育PCR这一构思的。他受雇于西特斯公司,生产寡核苷酸,这是一个既费时间又翻来覆去的工作。厄利克抓住了这一点,他说:"科拉纳问了一个[科学]问题,'我能合成一个基因吗?'要合成这个基因,他不能选择任何长达158碱基对、随机的DNA片段。穆利斯的工作是制造寡核苷酸,他会想到如何制造158碱基对随机DNA片段。"[13]那时,基因正在变为可操作的生物化学实体。科拉纳试图驾驭DNA聚合这个生物学过程,作为人工合成生物学功能单位——基因中的一部分。穆利斯使DNA摆脱染色体结构的束缚并获得指数扩增的想法,恰与科拉纳模仿自然界的努力**相反**。穆利斯找到了一种把生物学过程(聚合作用)变成机器的方法,使自然成了(生物)部件。

二元论者的陈词滥调

20世纪80年代生物技术公司的一个重要标志,是它们都在寻求创造一个有助于大学和工业界相互交流的环境,逐步缩小两者在文化上的差异,从而将科学变为高产出、高利润的产业。这种环境将允许科学家如同在大学(已经变得有些像产业界了)里那样潜心于科学研究(当然有一定限度)。慕克吉(Chandra Mukerji)对一群为政府研究项目工作的海洋科学家的描述,大致上适用于西特斯公司的资深科学家:

> 科学家的自主性使他们在面对科学召唤的强大和他们自身在公共领域里的软弱无力时感到自信。科学家终究不是政治家,他们宁肯在政治上失败也不愿在同行中丢面子。只要能够从事促进科学发展(科学发展和自身学术地位两者兼而有之)的研究,他们就感到充实。但代价是科学家创造了一门新技术,而别人捞到了好处。[14]

就西特斯公司和相关公司的这件事例来说,受益者当然不是政治家,而是获得了技术转让合同的商家(和律师)。

一般认为,从70年代开始,生物科学中原先泾渭分明的"应用研究"与"纯基础研究"之间的界线变得模糊了。这个故事经常被编成一个腐败堕落的传言:分子生物学如何变成了产业的佣人,帮助后者残忍地、肆无忌惮地追求利润。例如,一位知名的现代生物学史家这样写道:"在重组DNA技术出现以前,分子生物学实践基本上由传统的学术研究准则所指导,通过联合和互助协作的精神使学科得到发展。"[15]任何一个哪怕是熟悉一点科学史的人都不会把科学描述成"联合和互助协作精神"的产物,无论是发现DNA分子结构的角逐,确定艾滋病病毒(人类免疫缺陷病毒,简称HIV)优先权的国际斗争,还是牛顿(Isaac Newton)的传奇生涯,都能证明这一点。从历史学和人类学的角度看,许多人所持有的这种现代生物学观点是失之偏颇的。

学者们正在提供大量资料,说明生物科学强调以"应用"为中心,是现代科学的工具。例如,凯勒(Evelyn Fox Keller)分析了人类控制和操纵"生命"的长期尝试,发现这些努力与近代西方的性别理论和玄学体系有关。[16]波利(Philip J. Pauly)则证明,纵观20世纪生物科学的指导思想和研究实践,有强烈的实用主义和机械论倾向。[17]越来越多的研究显示,在最近一个多世纪内,化学工业和制药学工业雇用了大量科学家和技术人员从事产业性研究。[18]从不少新出版的书中,我们也能看到,医学研究的方向决定于慈善机构及政府部门反反复复的改革意志。[19]最后,众所周知,在冷战时期,军事科学研究占政府科技预算中很大的份额,而且逐年增加。[20]因此,如果拿不出更多更有力的事实,认为新兴生物技术产业摧毁了纯科学与应用研究之间的壁垒,这种断言是站不住脚的。

如果说有一个关于腐败的传闻,叙述资本主义如何腐蚀了纯科学这块宝地,那么肯定会有一系列事实试图从各个角度证明,科学从来不像它的从业者和哲学家所宣称的那样纯洁,从来就不存在不受腐蚀的纯粹东西。当代科学社会研究这个领域,由于受到对存在着完全不同的科学规范这一观点的攻击(如今基本上不受重视)而启动并进入现行轨道。社会学家默顿(Robert Merton)的工作奠定了科学规范的经典表述,他在20世纪30年代提出了4个互相关联、互相强化的规范:普遍性、公有性、无私利性和有条理的怀疑论。默顿认为,上述规范指导了经验研究的实践,使人类获得了"实实在在的知识"。[21]**普遍性**是指科学真理是客观的,它们在任何地方都是相同的,与作出发现的科学家和作出发现的地点无关。**公有性**指科学是一种继往开来的良好的社会活动。**无私利性**指对真理的追求高于其他任何动机。**有条理的怀疑论**指社会能通过公开争论、同行评议和重复实验等方法来评估新的成果。在默顿看来,对科学家的成就的主要奖励是社会承认和精神荣誉。对荣誉的追求造成了科学家争先的压力,但基本上没有必要对实验数据弄虚作假。事实正好相反:默顿构造的这个精巧体系恰恰说明,科学家在他们的自身利益驱动下,为公众谋福利。

实地调查科学家的经验研究表明,包含冲突价值观的实践与默顿所强调的准则同样重要。社会学家穆尔凯(Michael Mulkay)在1980年发表了一篇批评默顿理论的文章,其中总结了这方面的证据。他是这样写的:

> 科学信息的共享并非真的不受限制,它受"保密"规定的制约。尽管科学家口头上常说要独立思考,但不过是信誓旦旦而已。理性思维被视为至关重要,但也不乏非理性的、自由发挥的想象。虽然不断提倡充分运用客观判据,科学家还是经常坚持人为评判的必要性。[22]

科学实验的可重复性常被誉为科学的核心标志,但却使用得比预想的要少,更多的是盲从。[23]穆尔凯认为,"充分""一致性""可重复性"等名词,并不是表示过去存在的终极形式的柏拉图式准则,而是人为构思设置、可讨价还价、因人而异且受知识社会学家所研究的其他社会变量影响。

过去20年里的知识社会学的大量研究,主要集中于实验室活动而不是理论的逻辑结构,集中于实际科学问题的谈判和不确定,而不是编写伟人(男人为主)生平传记,这些工作极大地影响了人们对科学的认识。今天,科学(和技术)的社会研究正在迅速成长为一个交叉领域。从库恩(Thomas Kuhn)和费耶阿本德(Paul Feyerabend)开始,经过拉图尔(Bruno Latour)、诺尔切蒂纳(Karin Knorr-Cetina)、凯勒、哈拉韦(Donna Haraway)和其他许多人的共同努力,完成了对局部科学实践多种多样的调查研究,将抽象的科学、理性、真理和社会拉回到现实中来。他们既运用实验室和相关的研究场所的经验观察,也运用具有新结构形式的实验,来达到上述目的。这些各自不同的研究表明,实验室、写作风格和专业学会这些东西包含了许多令默顿这样的功能主义社会学家无法理解的复杂性。然而,至少在某些领域还产生了与当代科学的社会研究相平行但意见相左的"反派形象"说。持此说者坚信,科学家发明"有条理的怀疑"或"无私利性"等规范,不过是为了掩盖他们不光彩的动机。假如有一个现代科技腐败的故事能使默顿理论的追随者有理由高叹"今不如昔",那么,至少会有一串符合后一种理论的事实来说明自我陶醉的传统科学的虚伪性。有讽刺意味和不合常情的是,因为规范因素用事例说明并不完全和一致,同时也存在着关于该准则的两种截然对立的理论,所以已经有人开始否认规范因素的存在,否定科学是一种社会实践。对一些从事科学社会学研究的人来说,除非科学是纯粹的,否则科学不会被确认为一种特殊的实践。事实上,不可能有完全的"纯"科学,因为它不可能存在于人类活动之外。证毕。

尽管默顿科学图景的每一个环节都受到历史学、社会学和哲学方面的重新评判,公平地说,许多科学家还是认为这些准则指导了他们的科学实践。于是,科学家的观点与研究科学家的那些人的观点之间如今产生了一条鸿沟。虽然这些意见分歧对实际科学家(他们中的绝大多数可能连听都没听说过这种争论)几乎没有什么影响,科学社会学研究却从中获得了题材和权威。其实,研究这些不同意见本身就是确立规范,是一种产生知识的实践。生物科学自我形象的"失真",换句话说,它不符合科学的规范,这一现象本身就是对人类学研究很有吸引力的课题。我把实践标准确立为内容和过程两个方面,只有那样,我们才能在构建至少部分满足实践要求的科学准则的过程中,随时发现问题,尽管这种努力可能伴随着犹豫、冲突甚至失败。

美德与真实

沙平(Steven Shapin)在他有影响的著作《真理的社会史》(*A Social History of Truth*)的后记中指出,现代社会"今不如昔"的咏叹调和对往昔岁月的憧憬,使我们连那些实际上并未丧失的持久行为也视而不见了。

沙平的这本书记载了一个特殊人物,一名绅士实验家的成长史。这个人参与建立了新的实验场所和权威文化。时间:17世纪;地点:英国;人物:玻意耳(Robert Boyle);产品:他的抽气机。那是一个新实验场所和实验科学奠基者同时降生的年代,新的科学研究准则和方式都刚刚开始形成。玻意耳的"实验室"就坐落在他家旁边,当时,玻意耳实验研究成果的可信度与他本人的名誉和声望紧密相联。传播者知识的权威性居然通过彼此熟识的人所获得的信赖而得以确立。"真实性被理解为由**美德**来担保。"对美德的评判,对信任的看法,以及真理的权威性等,都决定于来来往往的人际关系,与日常生活紧密结合。"前现代社会,"沙平说,"直面真理。"²⁴

今天,我们从自封的、讲究实际的、总持怀疑态度的现代人那儿知道,此种关系,此种亲近,此种评估,从而此种美德,早已消失在大官僚主义和"大科学"冷酷和匿名的世界里了。"现代知识的地位,"沙平写道,"不像绅士的画室,更像一座真理的大监狱。"²⁵人人都受到监视。同行评议建立在匿名的基础之上。确保知识的不再是美德,而是**技能**。²⁶我们补充一句,现代社会中的此种技能主要由研究机构决定,由专利机关授权,由各种奖励委员会确证,并且,在另一个层面上,由投资者认可。

沙平敏锐地指出,尽管这种权威结构在实验室墙外运行得不错(当然,对这种说法也应保持一定的警惕性),在墙里面就差得远了。局外人"总是很愉快地把人数众多的从事科学实验的人都称作'科学家',而行业内部事实上是由数量很少的专家所控制的。……现在尚无任何这方面的系统资料"。²⁷在这些核心群体内部,面对面的交流与道德水准的评判仍然有效。少数不受信任的现代科学工作者,其遭遇与早期道德水准低下的绅士型研究者几乎一样沉重,他们的新发现、新观点都很容易过早受到批驳,甚至被长期打入冷宫。

从人类学家的眼光看,沙平的观点有一定道理。毋庸置疑,通过对某个学者品德的评判以确定他是否值得信赖,在科学中至关重要,这在很大程度上影响了PCR诞生和成熟的道路。但是,现代科学的品德操行评价体系最多只是沙平所标榜的绅士实验家年代的遗风。对学者个人品德的评估不再属于科学评估的核心成分了,美德与真实在今天已经被重新定义,并重新与其他机制相结合,产生了不同的主体、不同的客体和不同的环境。

以科学为业

韦伯在1917年布尔什维克夺取政权的那一天做了一次著名的讲演,分析了支持"科学职业化"所必需的社会文明条件。他把他的文章分为三部分:(1)"外部"或体制条件的相对影响。韦伯比较了德国和美国科研人员在强制性职业义务上的差异后发现,美国科学家一般有较重的教学任务和较好的收入。美国文化认为,一个人追求学问的最终目的是享受生活。但是,美国教授的社会地位相对较低(特别是与橄榄球教练相比,韦伯指出)。(2)概念清晰化的力量。在韦伯看来,概念的发明是古代最伟大的成就。他认为,两千年后的今天,"概念"正在发生质的变化。作为"可靠地运用经验的一种方法"(同样见于其他文明),理性的实验已经成为"科学研究的中心原则"。(3)献身科学或是将科学作为一种职业的"内在"报偿。韦伯看到,科学正进入"一个前所未有的专业化阶段,……而未来亦将如此"。科学活动的归宿(和目标)是要置身于一条不断发展、加速取得个人成就的链条之中。

韦伯阐述了这些条件以后,庄严地告诉听众,他们将要面对的生活有什么特点:

> 无论是谁,如果他缺少一种锲而不舍、勇往直前的精神,

如果他不懂得自己的命运取决于他窥一斑而见全豹的本领，他最好离科学远点，他将永远不会具有科学的"个人体验"。没有这种被每一个圈外人所嘲笑的、奇特的科学陶醉精神，没有这种激情……你对科学就没有冲动，那么，你应该去干点别的。[28]

除了这些挑战之外，韦伯还注意到，"灵感这东西，只有在它愿意来的时候才来，而不是我们想叫它什么时候来它就什么时候来"，科学工作者要能忍受这种环境。尽管韦伯在文中给出了耸人听闻的和新浪漫主义的定义，但有一点明摆着，职业科研仍保留了其现实性。当然，无论科学生涯提供的物质和精神奖励是什么，韦伯对实验科学经验的历史、道德和现实特征的分析是中肯的。

杜威（John Dewey）在他1917年为《实验逻辑论丛》（*Essays in Experimental Logic*）这本论文集所写的序言中，用更加实用主义的口气提出了把实验与经验、实践与职业、人文学科与自然科学联系在一起的可靠信条。他写道：

> 知识的产生是因为人类遇到困难，它是人类在克服困难的过程中发现的。实验是找到真正学术完美的唯一途径，而经验在人类寻求知识的过程中不可或缺。除非这一教训被完全接受，否则，任何把知识与实验、实验与经验分开的想法都是危险的。[29]

当然，这一教训从未"被完全接受"，"困难"会不断出现。依我看，人类进行科学研究既不是为了崇拜自然，也不是为了揭示自然，当然更不是为了获得虚幻的中立地位。人类学长期偏重于寻求细节的实践。过去对实验环境的经典性研究有一个重要的疏忽，即它们都未反映科研工作者把科学作为一种实践和一个职业。有必要对这些过程和行为做些正规的叙述,因为它们其实是整个实验环境的重要组成部分。如果写出来,当然应该把它们放到科学研究的主流中来写。许多科学家已经在他们的日常生活中感受到了这种科学潮流的力量,尽管他们还没有机会认真地做些分析。所以,除了记载PCR的发明史和发明PCR的独特实验环境之外,这本书本身就是一个实验,它提出了一个问题——谁具有代表经验和知识的权威与责任。

◇ 第一章

走向生物技术

生物技术产业兴起于20世纪70年代。这个命名本身就很有意义，因为工业界开始执行的不少这方面的项目并不是新东西，有些项目如发酵过程，甚至还很古老。事实上，将制造啤酒或生产抗生素和维生素等项目称作新生物技术先驱还是旧时代残余，反映了时代标签的局限性。无论我们称之为"遗传工程""重组DNA""克隆"还是别的什么名字，这个科学技术进步的产物，这个以效率和创造性为标志的新纪元，在一连串各自的发展中为科学和商业提供了声望和商机。

有必要回顾一下那些构成生物技术产业早期雏形和现实格局的、尽管大家可能都熟悉的要素，因为正是这些要素孕育了产生PCR技术的大环境。这些要素包括：(1)"重组""拼接"或统称为"操作"DNA或其他分子技术的重大突破；(2)具备了鼓励科研成果快速向应用问题转化的法规环境，修订了积极推动(几乎是强迫)科学界和工业界将发明创造商业化的专利法；(3)政府资助的研究与寻求投资的风险资本密切结合，为分子生物学研究和开发奠定了雄厚的基础。

正是在科学进展与新产品开发和卫生保健行业发展直接挂钩这个投资氛围下，分子生物学在美国蓬勃发展起来。我们这个故事的主题就是生物技术(在实验室条件下调控DNA)的进步。下面的事实说明了这一主题的重要性：分子生物学的实质性进展都来自模型系统及用于创立和研究这些系统的技术。可以这样说,生物技术的特征就是它具有摆脱自然的本领,具有通过操作特定变量建立人工条件的本领,这些知识构成我们今天试图按照人类意愿重塑自然的基础。[1]

跨过门槛:1979—1982年

1980年,美国最高法院以5:4的投票认定,新的生命形式受联邦专利法保护。通用电器公司的微生物学家查克拉巴蒂(Ananda Chakrabarty)育成了一个能降解浮油成分的新菌株。查克拉巴蒂将一个新的DNA质粒(带有特定基因的双链环状DNA分子)导入已知细菌细胞内,使之获得了降解原油成分的能力。在这个过程中,他得到了一个新的、特征不同于以前在自然界中所发现的菌株,该菌株具备重大的应用前景。所以,查克拉巴蒂的发明是"新的、有创造性的和有用的"*,法院认定用专利形式保护他的产品是理所当然的。

美国技术评估办公室的一份报告,准确界定了这一非常受公众关注的法院裁决的尺度:"只要某一发明是人介入的结果,有关该发明是否包括活生命体的争议与它能否被专利化无关。"[2]因而,法院的这一裁决对"自然产物"原则确立了一个宽松的解释。该原则的大意是,如果要专利化自发产生的生物或过程,那么,它必须含有"实质上新的形式、品质或性能"。自20世纪30年代以来,新植物种类就是可专利化的,但从种子工业的组织形式到基因工程兴起以前培育新植物的周期较长等因素,一直限制着此类专利的范围和影响,直到最近才有所改善。[3]

到80年代以前,专利一般仅授予应用领域。美国宪法授权国会,"通过保证作家和发明家在有限时间内享有对他们自己的作品和发明

---

* 发明型专利的三原则。——译者

的专有权,来促进科学和实用艺术的发展"。也就是说,专利法应当促进"实用艺术"或曰应用技术的发展。[4]此外,专利和商标局一贯倾向于将专利限制在可操作性发明范围内,思想不能授予专利。他们认为,宪法规定,只有当一项发明具备可证明的、实质性的"用途"时,才能授予专利。最后,在查克拉巴蒂案例之前,通常认为,活的生物体或细胞是"自然产物",不可授予专利。向"新形式"发明领域拓宽专利保护不适用于生物体(植物除外)。抗生素的专利授予是基于以"纯粹形式"分离这些自然产物,而不是基于产生抗生素的细胞或生物体。"自然"是公开和同等地供每个人使用的,查克拉巴蒂判例为在科学界和文化界诠释"自然"这个词提供了新途径。[5]

就在美国最高法院宣布"国会认定可授予法律保护的事物包括太阳下任何人造物品"的同一年里,里根(Ronald Reagan)当选为美国总统,巨额风险资本被注入生物技术行业,这不仅在法律上开辟了许多"新的前沿领域",而且可以被恰如其分地视为正在冉冉升起的、代表知识和力量的"星座"的象征。[6]詹姆森(Fredric Jameson)认为,资本主义后期的两大特征是它的全球性势力和资本以前所未有的广度和速度向自然界渗透的能力。[7]与此相类似的主张,尽管用了不同的行话、不同的修辞,但已经成为各类生物技术公司年度报告的"标准菜单"。

1980年,国会还通过了专利和商标法修正案,旨在"努力推动形成统一的专利政策,以鼓励大学和工业界建立合作关系,最终使政府资助的发明成果离开书架,走向市场"。[8]当时,政府大约有25种不同的专利政策。这一大堆规章制度倾向于阻止专有许可协议,导致工业界越来越无意投资开发新产品。新政策的目的,就是鼓励技术进步,鼓励以大学为基地的科研机构和工业界之间建立更紧密的联系。这个修正案的条文中明确规定,大学所主持的、受政府资助的科学研究,必须报告一切从该项研究产生的能被专利化的成果。大学如果不这样做,根据所谓"递补权利"条款,此种权利自动移交给政府。[9]许多大学对这个修正案反应热烈。技术评估办公室一份题为"生物技术新发展——人体组织和细胞的拥有权"的报告指出,从1980年到1984年,即里根总统的第一个任期内,来自大学的、与人类生物学领域相关的专利申请增加了300％。

政府的作用

生物科学发展所带来的社会和道德问题常被说成完全是商业影响所致,但我们不应忘记,恰恰是美国政府,提供了将生物科学领域的应用研究和纯粹研究按更紧密、更高产形式相结合的重要原动力。第二次世界大战后建立或发展壮大的政府研究机构和基金会,如美国国立卫生研究院、美国科学基金会等,都发展成了巨大的实体,它们逐步取代了两次世界大战之间的那些年里,在关键领域起决策作用的旧有慈善机构。通过医学研究促进美国人民的健康已经成了一项国策目标。生物医学研究同时也是经济和官僚制度增长的温床。

以1971年公布的"对癌症宣战"一事为例,它不仅在卫生保健领域耗费了大量研究基金以获取实质性的成果,还支持强化了联邦政府在生物医学领域的主导地位。[10]人们如果记得,20世纪50年代发现脊髓灰质炎的病因并找出治愈方法,主要是依靠私营机构和民间募集资金,那么就会认识到,短短20年后,这方面发生了多大的变化。[11]到70年代末期,联邦政府"将联邦资助研究开发基金的11％注入基础生物医学研究,而同时期其他大多数发达国家投入比例在2％—4％"。[12]当然,无论我们在"保健"研究中的经费投入有多高,与国防研究开发预算相比都是小巫见大巫,美国的国防预算在70年代基本上每年占50％左右,1982年上升到60％,1987年达到74％(主要是由于"星球大战计划"和相关高技术武器系统的研制)。[13]投入如此大量资金,旨在通过规范化的纲领来引导研究方向,取得实际的效果。

资助重组 DNA 研究的第一个主要转变,来自联邦政府。1975 年,该领域只有 2 个研究项目被批准,总投资仅为 2 万美元;1976 年,国立卫生研究院却资助了 123 个此类研究项目,总资助额高达 1500 万美元。[14]这些都是以大学为基地的研究项目。大幅度增加投资的动力来自两个方面,一是诞生了许多有明显应用前景的新技术,如克隆等;二是新闻的聚焦,因为生物安全性和其广义的社会影响等问题引起了日渐火爆的全国性争论。

重组 DNA 的兴起:1974—1979 年

生物技术产业起飞的关键,在于有关重组 DNA 生物安全性的争论被异常快速地转移和得到基本明确的解决。这个大标题下的一系列技术和研究领域,成了发端于 70 年代初至 1975—1977 年达到高峰的争论的焦点。由于分子生物学界领袖人物十分及时且有力地作出了回应,到 1979 年,这一争论已在美国基本结束。[15]论战的结束有着难以估量的现实意义,因为它稳定了重组 DNA 的研究机构和商业实体的势力范围。如果不能在如此短的时间内建立和健全调控机制,如果争论得到了与现有实验操作低中高风险区分标准不同的指标体系,如果安全性控制要求"低风险"研究投入大量的资金以强化安保措施,如果科学领导层内关于寻求生物工程研究技术和科学进步重要意义的分歧不能在这么短的时间内得以解决,如果当时在重组 DNA 的研究中发生一个重大事故——不管这一事故是否真的与重组 DNA 的安全性有关——所有这一切,都将戏剧性地改变政府和商业界资助这项研究的热情。值得记住的是,重组 DNA 研究终于逃过了这么多的"如果",走上了今天的道路。[16]

有关生物安全性的初步争论,几乎与 70 年代初伯格(Paul Berg)完成重组DNA工作同时发生。这一源于伯格实验室内部的论战,逐步演变成为确定实验室安全规则的讨论,它包括废物处置、重组生物个体及材料逃离实验室等,对环境和公众健康可能带来威胁的多方面的考虑。这场讨论还进一步向政治和哲学方向扩展:把DNA从一个物种转移到另一个物种的生态学和进化意义究竟是什么? 伯格要求延缓就这个问题得出结论。在那以后,举行了一系列由该领域代表人物出席的高级会谈。这些会谈、争论和猜测的结果,就是1975年2月举行了阿西洛马大会,并通过磋商形成了美国、英国及其他国家对重组DNA的现行管理规则。这一现象在技术应用管理领域里是独特的:一群精英科学家在对新技术进行评估以后,编写了应用控制的管理条例,而这些条例最终被政府所采纳。事实证明,这些管理条例是有远见的、十分成功的,它有效地防止了局外人(相对于科学界或其非正式精英团体而言)对该技术的进一步限制。分子生物学界的快速反应缓解了外界(特别是国会)对该技术的怀疑,尽管它远没有就一系列相关问题,包括总体风险评估及广泛的伦理道德影响,提供明确的答案。

到1977年和1978年,大部分人已经相信,重组DNA技术是受制约的、安全的技术,它很可能成为在商业和保障人体健康两方面都具有重大应用前景的研究工具。随着经验的积累、研究工作的加快和投资增多,继1980年连续两次放宽对重组DNA的管理后, 1981年和1983年又出台了更为宽松的管理条例。[17]那时,"不仅靠风险资本启动的小型生物技术公司频频创立,大型跨国公司的兴趣也日渐浓厚,使得国会的有关听证会和国立卫生研究院大纲修正会的幕后充满了紧张的商业活动"。[18]更宽松的宿主–载体条例和区分大规模生产与小型实验的标准纷纷出台,重组DNA顾问委员会还专门举行秘密会议以保障专利持有人的利益。难关已经渡过,生物安全性得到了控制,政府管理人员、国会、商人和科学圈内与此相关的重要部门皆大欢喜。

策略：申请专利兼公开发表

80年代初，申请专利并公开发表新克隆基因的竞争异常激烈，有关这方面的法律当时尚不健全。按照学术界的传统，领先公开发表和获得学术优先权可确立科学荣誉。但是，对商人来说，率先发表这类象征性的荣誉，相对于专利所能提供的潜在商业优势，是次要的。生物技术公司的管理层还看到，公开发表是阻止他人申请发明专利的有效途径。克隆一个新基因后立即申请美国国家专利保护，然后尽快公开发表的做法就是在上述认识基础上采取的策略。根据工作中某个层面上的新发现申请专利保护，继之公开发表，能确立本公司拥有"现有技术"的地位，并完全剥夺他人或其他公司，特别是美国本土以外的地方，再申请专利的可能性。

这种策略，不同于产业界盛行的旧做法——物质结构稍有变化或特定化学物质的合成，就足以绕过基础性专利保护，因此，化学物质的结构要保密多年，直至包含信息的专利被公开。遗传工程研究的竞争如此激烈，如果不尽快发表新结果（往往按星期或月计算），其他研究组就可能抢先发表。由于某个基因的克隆迟早都会被发表，自己不抢先发表，后果是挫伤本公司科学家的积极性，树立二流公司的形象。

其次，这一申请专利兼公开发表策略，是用于缩小大学与产业界之间差距的手段。大学与产业中的生物科学界曾经有很大的差别，现在，这种差别已经由于双方的努力而消失或缩小了。在其领袖人物的带动下，大学里的许多科学家热情地响应了新专利政策。考虑到无论在何种情况下，有关的信息终将被很快地公开发表，产业界认为，公开发表科学家的新发现，让科学家在更大范围内得到承认并获得荣誉，有利于吸引和留住高水平的学者。同时，这一策略还促进了公司与大学科学家的联系，因为它解除了科学家最普遍的恐惧心理：一旦与公司合作，公司为了获取最大的商业利润，将强迫科学家保守秘密。

　　最后,相对于大学同行,在西特斯公司或基因泰克公司工作的生物科学家,常常由于他们队伍庞大,有可观的实验场所和设备,有机动性较强的实验辅助人员临时服务于各种特殊的研究项目,而在竞争中占有优势地位。生物技术研究场所的设计,也反映了促进信息交流的科学和商业方面的策略。一位受雇于渤健公司、专职设计新实验场所的设计师这样写道:"公司管理层认为,公司是科学和商业的有机结合体,……为此我们设计了几个非正式的会晤区,供科学工作者在喝咖啡、看报读书时聊天闲谈、相互沟通。用玻璃隔开的会晤区也给人一种公开交流的感觉。"[19]当然,"有一个好的物质环境肯定很重要,但有一个好的信息交流环境可能更重要。科学家一定要沉浸在永不停息的信息流中,还必须积极主动地参与这个交流的过程"。[20]为了及时了解可供申请专利的各种点子,公司的律师被要求参加公司内部的学术讲座,而凡是参加这些活动的外部来访者,都受到保密条款的约束。

　　新生的生物技术世界,重新谈判确定了一系列重要的边界。在学术圈内,克隆和分析一个新的基因当然被看作基础研究,在公司里就不一定了。由于经费来源、项目归属及其在医疗保健方面的应用前景,这很可能同时被看成是基础研究(因为尚无纯学术的实验室克隆到这个基因)和应用研究。以分子生物学为基础的生物科学多学科交叉,在新成立的公司里具有十分重要的战略地位。富有洞察力的早期生物技术分析家肯尼(Martin Kenney)指出,80年代初,连不少大型跨国公司也向这些新成立的小公司学习。更有意义的是,他猜测说,这些新的研究开发机构模式间接地(有时是直接地)对部分生物科学学术机构的重组施加了压力。[21]肯尼还指出,在新成立的生物技术公司里,资深科学家起着关键性的作用,因为他们是维系公司管理层(包括科技顾问委员会)与实施由资深科学家所挑选和设计的项目的实验科学家和技术人员之间的重要纽带。

无形资本与有形资本

公平地说,技术持续进步和管理条例之争日趋平稳的70年代末,确实跨过了一个新门槛,翻过了历史性的一页。"仅各类生物技术公司的总投资额,就从1978年的5000万美元增加到1981年的超过8亿美元。"[22]受国会和生物科学界领袖人物的双重支持,美国政府中负责研究经费的各种机构不断向生物技术研究和开发倾斜,致使1978年到1982年间,重组DNA研究总经费每年增加34%。不用说,这些钱主要用于大学科研。从其他重要渠道也开始有资本流向生物技术研究。这些资本的主要来源是一大批跨国公司,包括主要取守势和骑墙策略,但仅仅因为害怕他人独占这块肥肉而不得不投资的巨型制药公司,以及一些寻求投资组合多元化的大公司,它们的投资往往是为了在某些特殊研究项目上得到新生小公司的经验或帮助。在生物技术行业萌发和成长过程中,唱主角的是风险资本投资商和新生小公司。顾名思义,风险资本投资商把钱投向高回报率未经证实的研究领域。按照最近的行情,新技术主要是指成群地发源于美国旧金山和波士顿地区的计算机和集成电路行业,它们拥有大批技术熟练的科学工作者和丰富、多彩的学术环境。大多数新兴的生物技术公司也诞生在这两个地方。

在这个羽翼未丰的行业,如果推算一下从研究项目启动到产品赚钱的平均时间,那么,即使最富有热情的商业计划也不得不承认,赚钱可能是若干年以后的事。所以,迫切需要有一个机制来保证投资的正确性。投资者认可的金本位,是科学影响力。肯尼看到了这一新情况,他说:"在不到10年时间里,……一个新的产业及其劳动队伍就被创造出来了,位于这阵旋风中心的是'纯'科学工作者——分子生物学家。……教授们在管理和指导新兴生物技术公司方面所表现出来的全面才干,是商业史上从未有过的。"[23]当然,受过高等训练、握有高级文凭的科学家加盟工业界,并不是什么新东西,但由教授们或者那些职业取向及生活方式甚至只要在10年前就肯定是纯学术型的学者们,来领导生物技术产业的发展,这一点确实闻所未闻。

除了赚钱等传统意义上的动机之外,大学研究条件的改变也是促进著名科学家(以不同方式)走向公司的重要动力。肯尼指出,随着联邦政府资助机构的不断增加,衡量成功的生物医学科学家的基本要素之一,是弄到经费,包括巧妙应付官僚政治和官僚思想的能力。调查表明,大学研究人员把30%—40%的时间花在申请研究经费的过程中。[24]头面科学家已经习惯于把大量时间花在自己实验室以外的地方,谈判以获得支持研究辅助人员、装备并运行最现代化实验室所必需的日渐增长的大笔经费,加固有助于提高自身知名度和获得进一步资助的名利和权力网,找到或推动形成联邦经费资助的"热点"领域并围绕这些领域进行与提高自己在科学上的声望地位相关的工作。知道了这一切,人们就不难理解,去公司工作,既不用花时间找研究经费,还很可能立即或在将来(以股票形式)获得高额金钱回报,这种前景对许多科学家颇有吸引力。

诺贝尔奖得主科恩伯格(Arthur Kornberg)精辟地总结了这一点,他说:

> 有能力的科学家对产业感兴趣。因为他们中的一部分人不满于自己所置身的大学院系环境:强调获取研究经费的企业家式本领;科研人员与官僚主义的大学领导层之间存在着不可避免的冲突;常常履行在各委员会任职时须尽的义务;教学任务繁重;面对着选择研究方向的压力,所选的课题必须既安全、时髦,又能根据下一个项目的申请及提高自身学术地位的需要发表科研论文。面对这一系列问题,不难看到去企业界工作的好处:资源丰富,研究课题与自己所感兴趣的科学领域相一致,

无需分心旁骛，以及快速获得科研成果所必需的团队精神。[25]

这种变化，包括重新划分产业和学术的界线，也包括无形资本与有形资本的可转换性，是在生物科学界领袖人物认可的基础上发生的。在这一转折的早期，为数众多的诺贝尔奖得主都热情支持了重新定义科学与产业的合法性，尽管这可能不是他们的首要动机。

诺贝尔酬金

请知名科学家做顾问，是新兴生物技术公司早期的一个重要特征。促使诺贝尔奖获得者们聚集在一起的是一个令人敬畏的三角：金钱、权力和（科技）进展。公司的科技顾问们一般每年可获得1万至3万美元的报酬，而他们的义务仅仅是参加几次咨询会，并在电话里为公司出些点子。他们还常常在公司股票上市之前得到高额票面价值的股票，或者得到可能赢利亦可能不赢利，但极具获利潜力的优先认股权。观察家们都同意，为数不多的生物科学领域诺贝尔奖得主大都来自不怎么富裕的家庭，在他们眼中，金钱并不具有附于其身的坏名声。[26]科技顾问委员会（简称SAB）的责任并不重，无非是偶尔与一些老相识会会面，在电话里对某些研究项目做些分析预测，或者"恭候"光顾问询。尽管在风险资本的支持下，新兴生物技术公司为它们的顾问们提供了把自己的想法付诸实施的机会，SAB成员们仍然常常蔑视公司的商业管理层。他们有更高的目标。在下面这段有代表性的文字里，科恩伯格用不容置疑的口吻描述了学术与产业的关系：

> 我们承认，科学和技术互为依靠，往往有紧密的联系。我们知道，科学的发展依赖于技术的进步，而技术的进步又依赖于商业开发中的革新和进取。当复杂的仪器和优良的生物化学制品成为买得起的商品时，科学研究就会迅猛发展。[27]

　　科恩伯格无疑表达了由此得到的报酬和相应的地位："为基因的化学和免疫学操作提供设想、试剂、技术、仪器和实验技术人员的科学家、大学或其他部门,当然不愿被排挤在他们所十分需要的金钱回报之外。"[28]他只字未提这样做可能会在伦理道德或其他方面带来问题。

　　其次,权力和影响也在起作用。"这些家伙都很傲慢,知道自己掌握了别人所不懂的知识,因此,也非常愿意就项目的操作提出方案。"[29]作为SAB成员还处于一个非常有利的地位:因为生物技术公司在无形中成了知名科学家安置其博士生或博士后研究人员的地方,在就业市场疲软的70年代末,尤其在职位竞争激烈的旧金山湾区和波士顿地区,这一点非常有吸引力,所以,这些年轻的科学工作者除了在公司继续从事导师所提出的研究课题之外,还成为该导师学术思想的代言人。公司本身对新项目的政治影响,也受某个年轻博士后是否与SAB结盟的作用。

　　最后,对SAB这个几乎全部由男性组成的、已经获得科学所能提供的全部成就的团体来说,以某种形式参与公司管理,尽可能使自己的学术发现在更大范围内,特别是在卫生保健领域里发生影响,毫无疑问是有吸引力的选择。同时,他们显然对大学的研究和发现很少直接影响卫生保健行业的发展这种说法感到不安。纵观他们的职业生涯,作为资深科学家,他们都曾经在研究经费申请表(特别是国立卫生研究院的申请表)的"实际应用"栏目里,填写研究对保健行业可能产生的推动作用。所以,一旦成为某个新生公司SAB的成员,他们理性的选择就是如何将早年的研究商业化,而这正是大学、政府或大公司都不能提供的。在那个年代里,知名科学家直接指导开发性项目的做法很普遍,其中包括由公司为科技顾问所在的大学实验室提供研究经费以从事他们推荐的项目等不同安排。[30]

　　对这些精英科学家而言,这种安排使他们两全其美:他们的研究工作得以继续,他们在大学的聘用职位得以保留,可从他们所顾问的公司里得到大额研究经费补贴,可使自己的学术成果走向实际应用,可为自己的学生找到出路,还可为自己挣钱。事实上,这些安排对公司和大学的科学家双方都有利。公司用其科学顾问的名誉和学术地位做担保,获得大量资金,教授们则不仅为自己的实验室弄到经费,还为他所从事的重要研究工作被认可、得到追加经费(尽管是由他本人提议的)而感到自豪、激动和欣慰。

西特斯公司

西特斯公司于1971年在靠近旧金山湾区的伯克利工业区起家,由同为工商管理硕士(简称MBA,当时尚不多见)的生物化学家凯普(Ronald Cape)、医生法利(Peter Farley)两人,联合因发明气泡室而在1960年荣获诺贝尔物理学奖,后来成为一名分子生物学家的格拉泽(Donald Glaser)共同创建。起初,公司的任务集中在研究如何提高维生素和抗生素发酵产量等项目上,后来,它逐步转向人体蛋白质治疗性应用研究和动物疫苗研究,用基因工程研制出生产乙醇的酵母菌。

西特斯公司的经营策略包括,与寻求增加或充实现有生物科学基础及经验的大公司签订合作协议,或者与它们共同设立开发机构。维生素B_{12}项目是西特斯公司早期运作的典范。虽然该项目的目标仍然属于传统制药范畴,但西特斯公司达到目标的手段却是富有革新精神的、成功的。一家名为鲁塞尔-于拉弗的法国制药公司,通过在2万升罐中发酵细菌,生产维生素B_{12}。这个发酵过程非常困难,因为它要求在无氧状态下开始发酵,然后转变到有氧条件下发酵。因此,多年来,维生素B_{12}的产量一直没有大的提高。鲁塞尔-于拉弗公司希望找到一个更有效、高产的新菌株来生产维生素B_{12}。常规的方法要求每天诱变许多菌株,先分别在培养皿中接种各个菌落,然后在烧瓶中筛查上百个菌株,以期获得高产的菌株。这是一个几十年来从未有什么重大改进的、效率很低的过程,仅仅保证了公司产量连年稳定、略有缓慢上升。鲁塞尔-于拉弗公司与西特斯公司签订了合同,希望找到新的改良途径。西特斯公司采取的手段之一,是将经典的分子遗传学方法与化学合成法相结合。它首先有选择地诱变不再产生维生素的菌株,然后反复诱变这些无生产能力的菌株,希望从中筛选到高产菌株。该方法寻求胜过(如果可能的话)随机突变的途径。因为这一工作的目标很明确,只要设法激活细菌的群体,就可能提高产量。当然,本方法的基本要义仍然来自传统工艺。西特斯公司的科学家试图加入重组DNA等革新性方法,并取得了一定成效。尽管西特斯的方法在科学上有所创造,在产业方面却无明显进展。那个时期,西特斯的科学家受严厉的保密协议的束缚,不能发表相关的研究论文。

除了上述生物制药方面的尝试以外,西特斯还与大石油公司的分公司合作成立了风险共担的联合开发机构,专门生产如用于回收石油的黄原胶等生物工程产品。公司的一笔大收入,来自1979年与加利福尼亚美孚石油公司签署的合作项目——研制一项新工艺,把玉米中分解出来的、成本低廉的葡萄糖转变成果糖。果糖是天然存在于蜂蜜、水果和蔬菜中的一种糖,它比糖甜,而且比蔗糖、甜菜糖贵。110亿美元的增甜剂市场该有多大的诱惑力啊!70年代末,西特斯还参与了另外一些创新性的工作,如用枯草芽孢杆菌作为模型系统,以期改进长期沿用的标准化的大肠杆菌系统。[31]尽管人们对大肠杆菌已经有相当深入的了解,但如果要将其发酵产物直接用于临床医疗,问题仍然不少。西特斯公司希望枯草芽孢杆菌能成为一个更安全的实验和生产体系。起初西特斯的科学家获得了有希望的实验结果,于是国立卫生研究院准许他们用枯草芽孢杆菌生产干扰素,但这个新系统的效果最终被证明不尽如人意。

西特斯转向基因工程

直到70年代末,西特斯才逐步变为专攻重组DNA技术的公司。不错,70年代是一个不断获得技术重大进步的年代,但技术成功地走向商业化需要时间。例如,直到70年代末,商业化应用克隆技术的各种参数才开始成熟,其各个组分,如试剂、载体、宿主菌株和限制酶等才逐渐走进正规化市场。1979年,西特斯公司与史必克成公司的下属机构诺登实验室签署了一份合同书,生产预防大肠杆菌病(一种导致新生牛犊和小猪腹泻的病)的疫苗。这种疫苗的研究工作,集中了在下一个10年里将被定义为生物技术产业的各种元件。该项目的原始设想来自华盛顿大学教授法科(Stanley Falkow),他从一个能产生致小猪得病的毒素的生物体内克隆了两个基因,传统方法是将灭活的致病毒株或弱化的毒株注射到研究对象体内,诱导产生免疫反应,从而提供免受病毒侵害的防护能力。他没有按照传统方法制造疫苗,而是提出了一个新方法:克隆该毒素的失活形式。西特斯公司成功地研制了一个疫苗株,这是美国市场上第一个重组DNA疫苗。

70年代后期,西特斯公司的科学家中间发生了严重的内讧,形成了所谓"传统派"(traditionalists)和"克隆派"(cloners)两大派(这两个名词都是"演员们"自己使用的),公司内部的权力之争体现为倡导不同研究策略的经理之争。一个阵营认为公司和整个生物技术产业的前景在于重组DNA;另一阵营认为,重组DNA至多是昙花一现的时尚,只有改良菌株研究和酶学研究最有商业价值;第三阵营认为,生物技术之所以有用,因为它是更有效地制造各种化学药品的好方法。由于主要投资者、潜在的风险共享伙伴和掌握西特斯公司股票上市权限的投资银行,都受基因工程美好前景的激励,克隆派终于在80年代初期赢得了这场论战。当然,在技术进步的日程表大致被确定下来以后,公司内部仍然存在大量有关如何制订研究计划的争论。[32]

从70年代末到80年代初,西特斯公司、渤健公司及基因泰克公司等都集中主要力量,研究如何克隆并表达各种有医用价值的基因。最常被克隆的一类基因,编码用于产生蛋白质缺失所致疾病的置换因子,从而用于临床治疗,如人胰岛素、生长激素和凝血因子Ⅷ等。这些蛋白因子的用途和市场都已确立,但是有些因子供不应求,有些因子由于其非人源性而对人体具有不良副作用。例如,虽然牛胰岛素和猪胰岛素从20世纪初就开始被用于治疗人的糖尿病(当时认为动物胰岛素能够代替人胰岛素),但临床应用表明非人源性胰岛素有不良反应。一般用两种方法来保证人源胰岛素的供应:克隆人胰岛素的基因,或者化学合成全基因序列。[33]

第二类有临床应用前景的基因,编码用于已经从血液、组织或细胞中得到部分提纯,具有基于体外(即活的生物体之外的培养基)活性或体内活性的可信临床效果的蛋白质或多蛋白混合物。β干扰素和α干扰素——具有抗病毒活性、具有在体外抑制转化细胞系生长的功能的蛋白质——都是这方面的例子。后者效果是提出干扰素抗癌活性假说的基础。医学研究人员极力寻求与任何哪怕只有一丁点儿这一类蛋白质的实验室合作,因为纯化蛋白质几乎没有供应。

第三类被克隆的基因是"细胞因子"。该命名是由于这类蛋白质一般都与细胞的生长和分化有关。开始时,这类蛋白质受到生物化学方面的质疑,因为根据定义,它们的特征是含糊的,其生物学活性常常来自非直接性的培养细胞系,而这种活性甚至并不完全是某个单一生物化学成分作用的结果。分析最彻底,因此也是第一个被克隆的细胞因子是白介素2,它作为潜在的抗癌制剂在形成西特斯公司总体研究规划的过程中占有重要地位。[34]

从商业角度看,第一类基因(置换因子)无疑是较好的研究项目,因为它们在医学上的重要性和临床效果都已确知。但是除凝血因子Ⅷ外，这一类蛋白质被认为缺乏轰动性，市场前景很有限。第二类基因（抗病毒蛋白质）的研究开发具有较高的风险性，因为它们的临床应用价值尚属未知。当时还没有批准任何抗病毒蛋白上市，创造在医疗和商业领域里与抗生素时代同样重要的抗病毒剂时代的愿望，就变成了集中科学资源克隆干扰素的强大动力，也成为大量日益增加的、完成基因克隆所必需的经费流向该研究的基础。对许多生物技术公司来说，第三类基因"细胞因子"的研究开发，才是高风险性的投入。当时，那些拥有可用于分离蛋白质、信使RNA或者测定其活性的细胞系的学术机构，成了受青睐的合作者。为了验证某些因子可能具有在人类临床试验中产生积极意义的功能，还提出了不少动物模型。尽管这些做法也受到了指责，因为动物模型对人类疾病的治疗可能没有预测价值，但随着该工作的迅速展开，这种保留性意见很快被淹没在赞美声中了。

可想而知，西特斯公司在1981年发布第一份年度报告时非常乐观。该报告申明西特斯"不仅仅是一家重组DNA公司"，夸耀公司从事范围很宽的研究活动，认为"公司的优势在于掌握了微生物学、生物化学、有机化学、单克隆抗体技术、发酵及相关技术、仪器设计和自动化生物筛查等全方位的生物学基础技术"。[35]在西特斯，"微生物是制造有用产品的'工厂'"。报告继续说，生物技术产业是"现代历史上很少见的创造价值与利润的机会"。[36]虽然报告堆满了华丽动人的辞藻，也吸引了大量的投资，但这些细菌"微型工厂"在1981年并没有达到所吹嘘的境地。可是，由于迫切需要找到资金，迫切需要在激烈的竞争中取得必要的进展，公司里已经没什么人有"怀疑"的时间了！很快，西特斯就不得不承认，自己引以为荣的所谓"涉猎范围广"，其实就是一个重大缺陷——缺乏有特色、相对集中的未来发展战略。

西特斯的氛围

与70年代末老式制药公司中的环境相比,与分子生物学或生物化学学术界相比,西特斯公司的氛围有几大特点。它的组织机构没有在制药公司或学术机构中常见的等级性,而是具有学科之间的交叉性。年轻的科学家有可能在很短的时间内被提升负责重大研究项目,他们不需要长期做博士后,也没有必要通过试用期获得长期聘用,更不用参与各种浪费时间的专门委员会、授课或指导学生等学术活动,几乎没什么事能打断他们全天进行的研究。此外,创业中的公司一般都避免传统企业特有的那种死板的、充满官僚主义的繁文缛节。学科交叉并不仅仅作为抽象的标准来提倡,而是一道无声的命令,因为解决问题是工作的唯一目标,报酬只与结果相联系。在学术界,科学家必须在某个特定领域里终生奋斗,那里有一整套明确的逐步确立科学荣誉的判据。与此不同,西特斯和其他类似的公司在这段时间维持了一套相对不成形的评价体系,制定了包括"发明创造"和"合作精神"这样分别来自工业界和学术界的准则。

为克隆未知基因或开发新产品制定时间表的标准本身就是假设性的,因为生物学功能的检测方法、活性蛋白质的表达方法和重组蛋白质的纯化基本上都属于未知领域,实验目标也会随着研究经费的多寡、资助性质的不同而改变。由于风险投资基金与研究者的"承诺"之间日趋紧密的联系,有关新发明和新"进展"的演示,不管它们事实上与商业化有多么遥远的距离,通常都足以保持经费和酬金滚滚而来。公司经常通过谈判,根据在为解决某个特定问题所成立的有不同学科专家参与的研究小组中各人的贡献大小,确定科学家应得的荣誉和报酬。这一领域同样存在很大的伸缩性,没有固定数量的职位,没有僵化的酬金系统。

访谈:戴维·盖尔芬德

1976年,凯普和法利,西特斯公司的两位最高领导,邀请当时在著名的加州大学旧金山分校做博士后的盖尔芬德,担任公司里拟议中的重组DNA小组的领导。盖尔芬德提出了一个连他自己都认为有些乌托邦的研究计划。让他吃惊的是,西特斯公司的管理层居然接受了该计划。盖尔芬德在研究计划启动后不久就对行政管理感到厌烦,因为他发现自己消耗在这方面的时间太多,与他的科学追求有严重的矛盾,而且行政管理也不适合于他的口味。于是他回到了实验台旁。因此,有人说,盖尔芬德是重组DNA时代老式产业科学家的典型:不愿参与繁重的事务性行政管理工作,不愿受学术文献发表量及经费申请截止日期的限制。

拉比诺 戴维,能从你的家庭背景开始谈吗?

盖尔芬德 我想无所谓。我是在位于纽约市北郊的怀特普莱恩斯长大的。我的父亲是个会计师,也是美国公民自由联合会、律师协会和律师保卫宪法委员会无偿服务人员。所以,我的童年时代受宪法和民权两方面的政治活动影响很大。我的父亲同时还是林肯旅的成员。上高中时,我最杰出的一次政治活动,是试图迫使校长允许我们听高等生物学的课程。我逐渐开始喜欢科学,也对美国历史感兴趣。

拉比诺 为什么你选择去布兰代斯大学上本科?

盖尔芬德 有两条理由。就我所访问过或申请过的学校而言,布兰代斯是为数很少的鼓励本科生进实验室工作的学校之一。因为我在纽约大学和密歇根大学都参加了暑期班,还做了不少实验,所以,我非常喜欢做研究工作。其次,我也喜欢政治。我并不知道自己以后会当个科学家还是当个律师。不管怎样,1962—1963年,我在布兰代斯参加了北方学生运动,参加了学生反暴力统一行动委员会(SNCC)和学生争取民主社会组织(SDS)。我不记得我是如何卷入SNCC活动的,但我记得有一年冬天,我们去佐治亚州奥尔巴尼城外游行示威,我在那儿结识了SNCC组织中的活跃分子。

拉比诺 作为犹太人,这对你的选择有重要影响吗?

盖尔芬德 没有,一点也没有。

拉比诺 在那个时期,肯尼迪(kennedy)刚刚被刺杀,越南战争开始升级,马丁·路德·金(Martin Luther King Jr.)在政治舞台崭露头角,而你又很深地陷入了政治活动,那么,你在生物学中做些什么呢?

盖尔芬德 当然,它们是分开的。我不知道我们在那时是否想到了这一点,可能想过了。那时我们有一个明确的政治决策:让北方人在1964年夏天参与密西西比的运动,要让他们知道,SNCC成员在1962年和1963年遭受的暴力冲击将会降临到北方志愿者身上。我们觉得,这一点很可能得到舆论和全国老百姓的关注,从而有希望请军队来接管密西西比州。我不知道为什么我们当时会想到军队可能给予帮助。尽管我花时间在南方参加了SNCC活动,但我对如此激烈的暴力行为真的缺乏心理准备。

这一时期发生了几件事。一件发生在法院。由于SNCC劳雷尔办公室的几个志愿者在吃中饭时遭到袭击,他们向法院提出了诉讼请求。我去那儿主要是为了提供道义上的支持,必要时能提供证词。我在那里看到当地3K党的头目公然袭击另一个和平志愿者,因为他带人到法院登记注册选票,同时还就该头目暴力攻击、殴打他人提出诉讼。一个星期或10天后,我们偶然去位于湖边的一户黑人家里做客。那个3K党头目和十几个歹徒,突然手持链条、棍棒向我冲来,威胁要打死我。在挨了棍棒和子弹后,我逃到了主人的仓库里。我们给联邦调查局(FBI)打电话求救。当地FBI机构和当时正在密西西比的FBI北方机构调查人员却告诉我,他们不是一个保护性机构,他们只能调查民权暴力案件。我记得自己当时说："很好,那就先请把你们的躯体放到我们与子弹之间,然后再请你们调查子弹穿透墙壁事件。"他们终究没来,我被黑人社团用灵车送到医院,因为白人的救护车不能进入黑人居住区。由于知道袭击者是谁,我以暴力攻击、殴打和蓄意谋杀罪提出了诉讼。有大陪审团的听证会被安排在那年秋天,所以,我又回到了密西西比的劳雷尔。纽约律师保卫宪法委员会一名律师与我一道回到那儿,我们费了九牛二虎之力才从FBI处得到了我从8月开始为这次听证会准备的与本案有关的证词和声明。而我们的听证会却被换了地方,从劳雷尔法庭转到了一个偏远的区法庭,我所在区的国会议员向我们保证我们在那儿能受到保护。大陪审团听证会后,就有好几辆车想超我们的车,把我们挤出公路。就是在那个时候,我决心再也不选择美国历史或政治科学作为自己的专业。我并不反对上法学院,我只是认为,任何人要是对宪法、民权和言论自由法有兴趣,那么,他就可能遭枪击甚至一命呜呼。事实上,真有人朝帮助我们打官司的律师住的房子里扔砖头!对一个大学二年级的学生来说,这样的经历可能还挺刺激,但如果你永远处在这种压力下,要这样过一辈子,那就太可怕了。我想,有朝一日我还得结婚、有孩子。于是,我出门就化装。

到三年级时,我就缠上了一个叫萨托(Gordon Sato)的细胞生物学家,希望能去他的实验室工作。两年后,他终于顶不住了,答应我的请求。与我在生物系的本科指导教师相比,他是一个很可信赖的老师。我选择学校上研究生时,他劝我去加州大学圣迭戈分校(UCSD)。我申请了两所学校:位于科勒尔盖布尔斯的迈阿密大学,和UCSD,因为我对戴水肺的潜水活动感兴趣。

拉比诺　那么,这样说是不是公平:一方面,密西西比的经历使你变得内向;另一方面,它也迫使你在科学王国找到了安慰与欢乐?科学将成为你仍然有信心的另一类社团和另一种生活方式?

盖尔芬德 是的,尽管我那时仍然与SDS有联系。去圣迭戈!萨托认为我应该去圣迭戈,所以,我就去了那儿。萨托过去的一个博士后当时在UCSD任教,他为我安排了暑期工作。后来我发现,SNCC组织中各色人等和几个南方乡村音乐家一起住在德尔马。由于我在波士顿和坎布里奇的几个俱乐部里弹过吉他,就在圣迭戈重操旧业。我们在离圣迭戈海军军校基地不远的海边设立了一家由咖啡厅、乡村音乐厅和摇滚乐场所组成的俱乐部,希望以此唤醒那一大群十七八岁青年学生的良知。所以,我们把该俱乐部定名为"狙击手"。这引起了基地当局的不满,但他们也没什么办法,因为俱乐部在基地外,而我们也仅有些乡村音乐和奥克斯(Phil Ochs)、钱德勒(Len Chandler)演唱的许多民歌。

我那时做的是经典的噬菌体分子生物学研究,任务十分繁重。我轮番到不同实验室去做研究,其中之一就是索尔克研究所著名的巴尔的摩(David Baltimore)实验室。我们用大量时间讨论政治,当然用更多的时间研究脊髓灰质炎病毒。我的论文工作量非常大,因为我的论文导师林(Masake Hayashi)相信不同的阶层享有不同的权利:研究生一定要干得比教授多。他每天从上午11时工作到下午4时,每周干7天。他认为研究生必须在三年半到4年时间内完成博士论文,没有5年的论文!所以,我们每天都干到很晚。竞争非常激烈,但我喜欢他。他的实验室非常适合于研究生的成长,因为你必须学会自己干所有的活。而对博士后来说,他的实验室并不好。林教授不经常参加学术会议,他不是活跃的学术圈中的一员。

拉比诺 在那时已经谈到产业化了吗?

盖尔芬德 完全没有!甚至连微乎其微的机会也看不到。我完成了论文,却留在同一个实验室做了两年博士后,因为我太太成了加州大学圣迭戈分校社会学系的博士研究生。服兵役也对我们产生了影响,根据我的记忆,征兵法是在1966年7月修改的,我所拥有的2-S暂缓入伍身份到1967年6月30日终止。虽然我还是个研究生,征兵委员会却不同意继续照顾我。他们随后就把我定为优先征召等级。我的第一个反应是去找林,希望他同意安排我去法国巴斯德研究所完成博士学位。我没去越南!那时可能已经到了1968年春天,我妻子怀孕了,于是我得到了3-A暂缓上前线的身份。1972年1月我搬到了加州大学旧金山分校(UCSF),在戈登·汤姆金斯(Gordon Tomkins)的实验室工作。我曾经在1970年的冷泉港研讨会上见过他,并认为他是个很好的教授。我们之间的联系保持了一年半,直到我在他的实验室找到了工作。短短三年半以后,他就永远离开了我们。

1976年4月,我接到了凯普打来的一个电话,说他是位于伯克利的西特斯公司的总裁,他听说我在加州大学的前途未卜,正在找工作。我告诉他说:"是这样的,凯普,西特斯的总裁,我在加州大学的前途并非完全未卜:我至少可以在这儿再呆5年。我并没有在找工作。无论什么情况,我都不会在9至10个月内考虑离开这儿。我只知道西特斯在东湾做些与生物学有关的事。我有时也吃中饭,所以,如果你愿意过来,我会很高兴与你共进午餐。"事实上,戈登去世前,我和他实验室的其他博士后(琼斯、伊瓦雷、奥法利及麦卡锡实验室的波利斯基)的关系一直非常密切,教授谢世后,我们几个人就更团结了,大家都希望只要有可能,就在一起工作。所以,那个瞬间,我头脑中想的尽是这些。我们当然也意识到,不管我们对自己的评价有多高,旧金山分校生化系不会有与我们相同的看法,他们决不会给我们每个人一个"饭碗"。要想继续在一起吃百乐饭,周末时一道打棒球或航海,一条出路就是我们合作在门多西诺海岸北部开一家免疫产品作坊。我们可以合成与抗体相关的试剂并提纯限制酶。当然,我们既无钱也无从商的经验。此时此刻,凯普告诉我,他是西特斯公司的总裁,一个月以后,我在剑桥出席题为"科学与社会——重组DNA之影响"的研讨会时又碰上他。

　　我第一次访问西特斯是在6月下旬,我在那儿做了一场如何在大肠杆菌中表达异源基因的讲座,主要介绍我和奥法利、波利斯基在UCSF的工作。有两件事对我印象非常深:一是西特斯公司没有任何从事分子生物学研究的仪器;二是听讲座的十来个人经常打断我的报告,提出十分尖锐的问题。他们的问题和所设想的结果往往是我在下一张幻灯片中要说的。这一点我在其他地方做报告时从未碰到过。一般来说,由于我们的数据非常清楚,疑问并不多。那天下午,我又接到电话,问我要什么样的条件才能去西特斯做基因工程研究。我说这不可能。他(凯普)就问为什么。我告诉他:"第一,我不喜欢'基因工程'这个说法。因为一个人没法做'基因工程',这个名词也没有包含该研究的全部内容。第二,你们公司没有任何必需的场地,没有任何必需的仪器,没有与该研究相关的必需的辅助设施。设立这一切条件非常昂贵,而这还不是最重要的。重要的是由谁来决定该怎么做,由谁来决定该做哪些事。产业界的人不懂这一切,决策人物不懂什么是必需的,所以我不能去。"他说:"你是我一生中所遇到的最武断、最固执的人,其他公司可能像你所说的那样,但西特斯决不是那样的。"他问我能否把我想到的有关建设重组DNA分子实验室的各项要求写下来。当天晚上,我们UCSF的几个人在一起吃晚饭,他们都鼓励我把我认为必需的条件写出来。我说:"那是荒谬的,西特斯决不会接受的。"他们劝说:"那就对了,那样就证明你的偏见有道理。而且,你也能说:'我已经尽力了'。"我不想干,就故意把计划做得尽可能大。

　　三个星期后我从欧洲开会回来,又过了一个星期,凯普给我打电话,问我什么时候开始。我问:"开始什么?"他说:"开始创建西特斯公司的重组DNA分子实验部。"我说:"这可不是我所期望的。"他又说:"是这样的,我们考虑了一个月,公司的科学家认为这是个好主意,彼得和我都认为这是个好主意,莱德伯格、格拉泽和科恩也认为这是个好主意。那正是我们想做的,而我们希望由你来开这个头。"我说:"我不知道。"我真的没有想过到那儿工作。他又问:"那你什么时候能把你的决定告诉我们?"我说:"我心里没底。我不知道什么时候能通知你。如果这个回答不合适,我向你道歉。"我真的不能干那个工作。他最后说:"这样吧,我会时不时给你打个电话。"现在,我必须认真考虑这个问题了。我找了我所认识的正在从事我一直向往的职业的每一个人。

那些我所尊敬的人都劝我去西特斯工作。与我争论最多的是萨托,因为他告诉我去 UCSD 念博士,他让我去 UCSF 做博士后,而不是去哥伦比亚或得克萨斯找工作,也不去伯格的实验室做博士后。他让我干的事我最后都干上了,所以我说:"为什么你劝我去西特斯?"他说我要不去就是有毛病。我说:"我打算在离开汤姆金斯实验室以后,有一个自己的研究小组,有自己的博士后,能从事跟你现在一样的工作。为什么你告诉我不能干这些?"他说,他 80% 以上的时间都用于为研究生、博士后和技术员找经费,所以,根本没时间与自己的博士后、研究生交流。如果他在学校里,总有各种各样的会议。如果你有理由相信西特斯公司会信守对你的诺言,你就一刻也别犹豫。"因为,"他说,"如果你留在 UCSF 靠研究经费支持的非永久性职位上,你能够继续与像巴里、帕特这样的人一起工作,也能做出些漂亮的活,但是,5 年后你上哪儿去呢?"他最后说,"如果西特斯能实践对你作出的诺言,你就能够吸引你想雇用的那一类人,从而扩大你的研究部,前程不可限量。"因为我通过在汤姆金斯实验室整整 5 年的学习和工作,已经喜欢上了联合研究,所以我接受了西特斯公司的职位。

拉比诺 戴维,如果要求你换一份工作,你会去哪儿?

盖尔芬德 我不知道。我倾向于找一家生物技术公司,而不是去大学,尽管我仍然崇拜和敬重学术研究。如果去学术机构,可能干不好我现在感兴趣的事,而在公司的职位上就不同了。当然,最重要的前提是公司管理层和作为科学家的我必须有共同的目标,我想实现的就是公司想实现的。其次,也取决于你有一些什么样的同事。所以,我说有两个重要因素:你是否有机会干你认为重要的事？这要求你的科学目标与公司利益完全一致。再就是谁跟你一块儿干的问题,因为你90%的工作可能是通过合作完成的。

对纯学术型的科学家来说,通过协作方式完成某项联合研究是非常困难的,多年的学术熏陶养成了他们个人奋斗的传统思想。你从读研究生开始就受到那种教育。为了进入最好的实验室,你必须在第一或第二年的口试和资格考试中有出色的表现。相对于你同班的研究生,你还必须有出色的课堂考试成绩,你更得在独立实验研究中有出人头地的表现。经过这个一般为三年半到6年的阶段,你才能申请去其他实验室做博士后研究。当然,如果你来自生物医学或生物化学领域,也就是说,你毕业于最负盛名的、通常也是最大的实验室,你还可能有幸获得为数不多的国家科学基金会或国立卫生研究院的研究资助,或者得到休斯(Howard Hughes)博士后奖学金,你就能去名满天下的诺贝尔奖得主或者有可能得诺贝尔奖的Z实验室,与二三十个博士后在那里一道工作。你必须再次在两年到两年半、最多三年时间内,分别在《细胞》(Cell)、《分子和细胞生物学》(Molecular and Cellullar Biology)或《生物化学学报》(JBC)等高水平学术刊物上发表研究论文。由于来自一个很大的课题组,毫无疑问,你将发现,有一天你在与你实验室的同事,说不定还是你某篇有惊人发现的关于新的转录因子、生长因子受体或其他热点问题研究论文的共同作者,竞争同一个职位。但愿上帝不让你70年代中期到UCSF的X教授实验室做博士后,进行重组胰岛素的体外表达研究,与Y教授实验室的博士后竞争同一个项目。几乎没有一个环境,鼓励什么协作、联合和互助。

由于某种奇迹,你终于在完成了这美妙的、杰出的博士后阶段以后,被某著名研究机构聘去担任助理教授。现在你当然还得竞争,开始时竞争立项,然后竞争项目续签。在所有知名学术研究机构中,助理教授的名额一定多于副教授,所以,你还得与超额的助理教授同事们竞争为数不多的永久性职位。作为一名助理教授,但愿上帝不让你犯这样的错误:假如你选择与你博士后期间的导师或者博士研究生期间的导师进行合作研究——他是一位非常有名的学者,否则,你不会去那儿学习——你作为助理教授所独立完成的全部工作都会被归功于你从前的导师,那么,你就更难在那儿获得永久性职位了。这样,你发现经过20年不容合作的历史教训,你在40岁时成了有永久职位的副教授。在学术界,学者通过个人奋斗而崛起,但这恰恰不是我所喜欢的科学研究之路。

◇ 第二章

西特斯公司:一股可信赖的力量

1981年3月,西特斯公司成为上市公司,这一举措使它得到了大批急需的资金。1981—1982年,西特斯还进行了改组,重新明确要把治疗性药物这个已经运作了近十年的领域作为发展目标,并为此提供商业和科学的基本框架。就大力开发干扰素、白介素和其他可能治愈癌症的"魔弹"或校正免疫系统的"钥匙"等工作而言,西特斯公司并不孤独。当时,那样的热情很普遍。不仅许多以大学为基地的科学界头面人物、产业科学家、通俗科学记者和各类政府机构持相似的态度,而且风险投机商和实业家也被煽动了。1983年1月,法尔兹(Robert Fildes)被聘为公司的新总裁,他的主要任务是精简公司繁冗的研究项目,保证西特斯在商业上获得成功。

鲸鱼(西特斯*)雄姿

1980年,由于迫切需要资本投入,西特斯的管理层要求一个由赫顿(E. F. Hutton)和芝加哥北方信托投资公司领导的咨询机构筹措价值5000万美元的私人债券。由于投资不踊跃,它只得在次年3月以每股23美元、500万股的总资本公开上市。尽管基因泰克广泛为传媒炒作

---

* cetus,亦指鲸鱼座。——译者

的公开上市是生物技术公司的首次亮相,西特斯公司此举却更为壮观,因为它是美国历史上新公司上市时单股股值最高的公司。表明上市成功的另一个更引人注目的理由,是西特斯公开宣布公司最早要等到1985年才可能开始赢利。[1]这也说明,一方面,市面上有的是钱;另一方面,生物技术正方兴未艾。

《华尔街日报》(*Wall Street Journal*)报道:"西特斯公司用手持试管带有未来色彩的科学家彩色照片为特征的预备材料透露,到上市结束时,大约只有25%的股票会落到公众手上。印第安纳美孚石油公司会持有21.3%的股份,加利福尼亚美孚石油公司会持有17.3%,美国酿酒和化学制品公司会持有11%。其余部分由西特斯公司雇员和私人投资商分享。"[2]上市公司指南把今后运作中的失误作为购买西特斯股票的风险因子之一,其他还包括"对非专利技术的依靠和来自基因工程、制药、能源、食品及化学领域的公司的竞争。西特斯还指出,'他们没有把握'继续吸引一流的科学家,所以,它的股票价格可能会在今后产生剧烈波动"。[3]这段分析上市股票前景的警告性文字,是根据证券与交易委员会的要求拟写的正式劝阻条款,被行内人士称为"红鲱鱼"。显然,投资界认为这些叙述都不是真的。

股票的顺利上市导致公司在雇员人数和厂房两方面都获得大发展。到1981年7月底为止的一个财政年度内,西特斯的雇员增加了160名,总数达到350名(其中哲学博士和医学博士有50名)。公司在第一份年报中这样写着:"管理领导层相信,由于1981年3月股票上市净得了107 216 700美元,这笔钱再加上银行利息,足以支持公司达到产品的商业化,赢得大量销售收入。"[4]公司那时已经在埃默里维尔(靠近伯克利的商业化小市区)建设一个非常先进的生产重组蛋白质的发酵试验工厂,还在前壳牌石油公司的大楼里重新装修一部分老化学实验室,以适应研究发展部的扩大。西特斯的总裁法利非常乐观,他认为自己是一个连获成功的筹资者。他相信,如果有必要,他还能弄到更多的钱。1981年下半年和1982年全年,西特斯都在与日本人、美国人和其他公司谈判如何投资不同的联合研究和开发计划。

发表于1981年7月的第一份西特斯公司年报,充分表现了公司对当时的商业和科研活动乐观、向上的看法。该报告还告诉股东们,西特斯与美孚石油公司合作研究的果糖生产线已准时进入"最后的安装、调试阶段",预计在1982年年中投产。1979年开始的与美国酿酒公司联合进行的风险投资项目——利用改造的酵母菌株发酵生产乙醇——进展也很顺利。酿酒公司已经宣布,要筹资1亿美元在1983年初建成年产乙醇5000万加仑*的工厂。报告称赞了公司全力支持的、目标十分明确的"选育降解纤维素基因工程酵母菌株"计划所取得的成就。当时的主要任务,是找到一个降解纤维素效率有明显提高的新菌株,也就是说,要有一个经济意义上值得大规模发酵的菌株。另外,公司与一个造纸集团的谈判也在进行之中,西特斯看到有机会担纲领导木质素纤维素生物转化领域。兽医学研究方面,应用重组DNA技术研制预防猫白血病毒的疫苗的工作进展顺利。为鲁塞尔-于拉弗公司提高维生素B_{12}生产效率的合同已经如期完成,与此类似的改善维生素C生产效率的工作已在拟议之中。上述研究项目基本上代表了西特斯公司在生物产业界的历史。

西特斯在更先进的重组DNA技术方面也很活跃。1981年4月,它建立了DNA序列测定服务中心实验室,旨在协调质粒和噬菌体DNA样品制备、寡核苷酸引物测序和酚蒸馏技术。该实验室属于重新组合和扩大的"生物活性肽"研究计划的一部分,通过选择和评估在生物治疗方面有应用前景的基因,为克隆找到突破口。这个计划的第一步,是从

---

　　* 1加仑等于4.55升。——译者

产生有用活性成分的细胞系和组织中分离 RNA 并分析其特征,构建 cDNA 文库。[5]研究的重点仍然是寻找如人生长激素等置换肽。这些项目涉及的领域范围很广,如单克隆抗体在器官移植手术中的应用研究和腰部疼痛的诊断。此外,对公司前景更重要的是,"西特斯还与一个疾病诊断系统生产商讨论如何改进核酸水平的诊断技术,从而避免使用较危险的微生物培养过程,并使之商业化。……它正与一个咨询机构谈判,希望在整个疾病诊断策略领域开展合作研究"。[6]尽管与诊断系统生产商的谈判最后失败了,但诊断技术,特别是 DNA 探针技术,却出人意料地成为西特斯公司发展的重要方向。

成为公认的威胁:1981—1982年

尽管西特斯在 1981 年 7 月的报告中勾勒出乐观向上的前景,公司内部科研人员的士气却由于下述原因而很低落。许多人认为,公司正在进行的研究项目太多了,又长期缺乏必要的人手,还缺少一种令人满意的择优立项机制。那一年,公司雇员,特别是主管研究和发展项目的高级雇员,纷纷要求建立更协调的、有指导性的研究计划立项程序,代替心血来潮式的随机立项倾向,以保证公司的繁荣稳定。他们还认为,西特斯的决策层并没有花工夫处理公司的日常运作,也没有提出公司今后研究开发的最终目标,更没有在公司创建人与公司科学家的最新设想发生冲突时,或者在公司下属机构与公司顾问的主张相左时进行仲裁所必备的可操作的中央集权。在这些资深科学家看来,西特斯非常需要一个主管研究开发的经理。[7]虽然公司各个层次的雇员大都认为应该加强管理,但对究竟采取何种管理方式,却众说纷纭。

1981 年 4 月,也就是在 3 月股票上市以后,由于盖尔芬德竭力向凯普和法利推荐,怀特成了重组 DNA 分子研究部主任。在一份内部传阅的备忘录中,怀特分析了西特斯面对的挑战之后说:"最紧迫的问题是,如何使我们变成一股在生物技术领域确实有效的兵力,使公司变成对竞争者公认的威胁?"[8]换句话说,西特斯要做什么样的调整才能成为顶尖级生物技术公司? 怀特反复强调了根据下述要求改变政策导向的重要性:(1)确定谁是公司的主宰;(2)建立一个真正有权威的政策性机构以联系商业和研究;(3)引入保持政策连续性和切实贯彻公司各种决策的机制。尽管这些提议听起来像是任何一名工商管理硕士都会倡导的商业机构的基本原则,但怀特的备忘录明确无误地反映了许多西特斯科学家对公司的不满和失望。他希望通过建立一套以科研过程中的创造性、效率和协作精神为准则的评估个人与实验室集体的程序,从而改善公司的科研气氛。目标在于,建立一套在启动、规划和运作每一个新研究计划时都必须遵循的稳定的政策,创造高效和安定的环境。[9]日常性规范是公司的当务之急。

怀特开始了旨在强化如免疫学等传统学科联系的内部讲座,因为,他认为公司在强调学科交叉和成立以解决问题为核心的研究组等方面做过了头,已经使公司的科学家失去了较为稳定的学科取向,使他们无论在概念还是技术方面都跟不上所在领域的迅速发展。怀特接管了壳牌石油公司与西特斯联合进行的干扰素项目,感到这个有40多人参加的项目已经指挥失灵。为加强实验室之间的联系,他倡导出版了一份名为《干扰素备忘录》(Interferon Minutes)的内部刊物,希望用这种方法增加信息交流,减少出现主观随意性决策的机会。另外,怀特设立了一个全面负责聘用实验室主任级科学家的委员会,以集中和规范从前的随意性行为。与此同时,怀特给予负责研究和开发的科学家较大的用人自主权。

怀特还在另一份"备忘录"中对1981年12月举行的一年一度"西特斯科技休假日"活动提出了不同意见。他认为,组织者的意图是好的,但太天真了。召开一系列提出并解决问题的会议,可能是为了从科技顾问团成员那里得到有益的建议,但是,所有的报告都强调技术上的困难以及悬而未决的问题,几乎没有时间总结成绩或讨论一下进展较顺利的项目。怀特说,会议为科技顾问和助手们提供了太多的自由,他们没有对公司现有研究项目提出批评和建议,却只关心自己的项目能不能上! 私下里,科技顾问们还敦促西特斯的最高领导,凯普和法利,进一步支持免疫毒素和淋巴因子计划。怀特和其他科学家都非常反对这种做法,他说:"如果一个研究部主任不能参与决定自己所领导的研究计划命运的讨论,或者根本不知道有这样的讨论,那么,他就不可能有效地管理自己的部门,或保持科学家对他的尊敬。如果西特斯的领导层不改变这种做法,我将辞去重组 DNA 分子研究部主任一职,回去继续做一个研究科学家,甚至彻底离开西特斯。"[10]怀特关于继续留在研究部主任位置上的条件是明确的。结果,到了 1982 年 2 月 26 日,公司实施了重大改组:普赖斯(Jeff Price)被任命为公司副总裁兼研究开发部的高级主任;怀特被任命为研究部的高级主任,由他们两人共同负责西特斯及其子公司的研究开发。

公司的第二份年报在许多问题上好像是第一份年报的回音:在1982年,"我们把西特斯定义为商业企业。……我们选择那些确实有商业价值的应用科学研究作为公司的主攻对象"。[11]要实现这种目标,必须有一套完整的、能保证研究设施不断增加的商业策略,重点放在"根据西特斯本身拥有的专利技术开发出来的那些在一定市场范围内具有较高商业成功率的产品"上。[12]研究重点是诊断试剂盒(主要是早孕妇女衣原体感染的检测)、癌症治疗(干扰素和单克隆抗体)及农业。各研究开发领域的相对比重,仍是公司内部争论的一个问题。

1981年10月任命的卫生保健产品商业开发部主任诺埃尔(Kay Noel),是诊断试剂盒研制工作的强烈鼓吹者。诺埃尔本人是密歇根大学生物物理专业的博士,来西特斯之前一直在洛杉矶的爱尔法保健产品公司(原名爱博特科学用品部)工作,任该公司市场和新产品部主任,她在那儿的主要责任是商业和市场拓展。诺埃尔极力主张,与治疗性药物开发相比,诊断试剂盒有明显的优势,因为这些产品周期短,不难管理。此外,尽管诊断试剂盒看起来不那么光彩照人,它却常常使公司获得比治疗性药物更大的收入。她特别强调,西特斯具备独特的、有竞争力的技术——DNA探针和单克隆抗体,如果运用得当,它们很可能在商业上有一番作为。

就总体而言,怀特和普赖斯是同意上述观点的,但是,他们与诺埃尔之间存在着很大分歧,他们经常在分配研究项目经费和确定项目时间跨度两方面与诺埃尔的评估意见相左。他们不同意诺埃尔把复杂的技术开发研究,如用非放射性探针进行DNA杂交或分离鉴定癌症特异性血清标记因子等,定义为"纯技术"性任务。他们认为,还要做很多科学研究工作,这些项目才能上市。可以这样说,负责研究开发工作的科学家,觉得诺埃尔向公司领导层灌输的是一些实现不了的目标。诺埃尔的策略之一,是设法让公司领导层知道,在被她称之为西特斯"学院派科学家"和以她本人为代表的"能解决问题"的更为务实且有商业头脑的科学家之间,存在着尖锐的分歧。1982年夏天,公司高层领导决定,把更多的资源投入开发诊断试剂的生物技术研究,并策划成立了包含诺埃尔经营思想重要成分的另一个筹资机构——西特斯合作者计划有限公司。主管研究开发的科学家认为合作者计划中提出的研究目标几乎都不切实际地乐观,而公司领导层却敷衍说最终目标可以修改。

在以后的两年里,诺埃尔与研究开发部的资深科学家爆发了公开的冲突,他们之间善意的协商和相互信任被彻底破坏,双方都没有看到在近期内压倒对方的可能性。到1984年,普赖斯和怀特仍然坚持,"尽管DNA探针技术是一项重要的新技术,但核酸杂交的内在特性决定它最终不会像免疫测定方法那样简单、快速。……应该将不易进行免疫测定诊断的体系作为本技术发展的目标"。[13]他们在备忘录中流露出来的不容商议的口气,充分表明了研究开发科学家与诺埃尔之间关系紧张的程度。虽然他们的估计反映了当时的认识水平,但怀特和普赖斯在判断以DNA为基础的诊断方法的适用范围和应用前景时出现了明显的失误。仅仅过了几年,同样是这些科学家,却成了研究开发用于传染病诊断的PCR技术的中坚力量。

公司高层领导也曾试图调解这场论战,但由于一个接一个的突发事件,所有调和两大派系之争的努力都付诸东流了。与研究开发科学家的较量,导致诺埃尔在公司的日子不长了。与以后发生争论时的情况相同,只要研究开发科学家在某个问题上达成一致意见,他们的力量是不容忽视的,因为主持西特斯全部研究计划的就是这些人。所有的事实都证明,消除争执往往需要耗费大量的时间和精力。

访谈:汤姆·怀特

拉比诺　我们从你身世的基本情况开始吧。

怀特　我出生于1945年,我的父母都是科学工作者。我的母亲拥有化学学士学位,而父亲是个细菌学博士。我最早的记忆就是他把水变酒、酒变水及类似实验带到了饭桌上。他曾把小鼠从实验室带回家来供我和我的姐妹们当宠物。有时候,他还在周末带我去实验室。

我家在康涅狄格州,父亲在那里的美国氰胺公司工作,他参与发明了四环素和一种治疗结核病的药物。9岁那年,我们搬到了新泽西州北部,因为我父亲被聘去那个州的莱德利实验室担任化疗和实验医疗部主任。

从记事起,我就对化学感兴趣。我曾拥有一整套化学实验设施,制造了一个儿童所能想到的各种爆炸品。直到高中毕业,我仍然乐此不疲。所以,我决定去约翰斯·霍普金斯大学,主攻有机合成化学。获得学士学位后,我在1967年被加州大学伯克利分校生化系录取为研究生。1968年中到1971年初,我参加了去西非的和平队。

拉比诺 那是不是为了逃避征兵?

怀特 我那时反对越南战争,希望找机会离开美国。我分别被加拿大的不列颠哥伦比亚大学、麦吉尔大学和多伦多大学录取。我被批准参加和平队以后,就决定不去那些地方了。因为尽管我是1-A后备役,但只要在和平队工作,上前线的事就能一年一年往后推。就这样,大约从22岁到25岁,我一直在西非的和平队工作。我在利比亚呆了差不多有三年,我们这个小组的任务是训练小学教师怎样教数学。由于绝大部分教师本身只受过小学教育,我们还得在晚上给他们补上中学课程。许多日子后,我才惊奇地发现,当地人看问题的方式与西方人有很大的不同,非洲小孩学数学中碰到的最大问题就是他们不理解西方的十进位制,因为他们从小习惯的是五进位制。他们计数的规则是1,2,3,4,5,和5+1,5+2,等等,以此类推。以前来这里的老师都没有发现这个问题,因为他们没有学说本地人的语言洛马语。那段时间对我另一个比较大的影响是,我喜欢上了生物学。当时,我们住在热带雨林中的一个小山村。这些雨林真是太奇妙了,里面有各种各样的昆虫和其他生物。我在那里认识了一个很风趣的生物学女教师,她激发了我对真实生物学问题的兴趣,削弱了我对化学的热情。

三年后我回到伯克利继续读研究生。政府还是千方百计想征召我入伍,但我已满25岁了。在进行博士生资格考试前,我换到进化生物学家威尔逊(Allan Wilson)门下,因为我对诸如人类如何起源,人类目前扮演了什么角色,人类社会的出路何在等生物进化问题感兴趣。

为了能与我的女朋友在一起生活,我回到约翰斯·霍普金斯大学医学院做了一段时间的技术员。因为我已经通过了博士生资格考试,我可以任意选修医学院的课而不用交学费。我在那里选修了一年灵长类解剖学和药理学以后回到了威尔逊实验室,用大约一年半时间完成了毕业论文,1975年获得博士学位。毕业后,我去了威斯康星大学生化系,在一个名叫戴维斯(Julian Davies)的分子遗传学家的实验室做博士后。

拉比诺　在那个阶段,你是否希望自己以后做大学教授呢?

怀特　是的。不过,我对于纯学术职业有很复杂的感情,还是在做研究生时,我就发现普遍存在于生化系的教授们中间的那份高傲令人难以忍受。最使我生气的是,他们把在生物化学的某一个狭窄领域里有所造诣的教授奉为本系诠释全部生命现象的权威。而事实上,他们当中许多人的生活经历非常有限。我在非洲丛林里生活了三年,足迹遍布非洲和南美洲,拥有不同于常人的经历,所以自己在实验室之外要走什么样的路,无需由那些除了从大学到研究生院别无其他经历的权威们指点迷津。我非常怀疑研究生时代中世纪般农奴式生活的质量,也怀疑任何从学校到学校、从本科生到研究生然后直接进入学术圈的方式。

拉比诺　能谈谈产生这种看法的政治背景吗?

怀特　1967年,也就是我刚当研究生那年,全国征兵委员会通过了一个较为专横的法案,要求征召在校的研究生入伍,并允许在完成兵役后继续他们的学业。我们班18个同学中有一半人在1968年离开学校,只有我和另外一个人后来又回到学校。那人虽然与我同时在1971年回校,却在博士生资格考试前放弃了学位。所以,重新适应的过程是困难的。对我来说,不光要在离开学校三年后重新适应研究生生活,更要适应美国的生活,因为我曾经生活于一个强调个人价值,强调家庭观念,却不知道物质价值为何物的社会中。在那个社会里,几乎人人都一无所有。

毕业后,我得到了为期三年的国立卫生研究院博士后奖学金,但由于削减财政预算而被推迟。由于要等到奖学金生效,才能去威斯康星大学工作,我在伯克利给人油漆房子,每天挣100美元。在那以前的5年里,我每月只挣200美元!所以,日子过得很开心。我还帮助加州大学旧金山分校医学院的一位教授申请研究乳腺癌生物化学机制的基金。我负责写申请书的某些章节,还负责在实验室训练他的部分助手。虽然我对他申请书中拟采取的某些研究方法并没有多少信心,试图说服他采用不同的实验手段,但我还是觉得学会申请基金过程太有用了。

在那段时间,我遇到了我现在的妻子莱斯利·斯卡拉皮诺(Leslie Scalapino)。去威斯康星大学的奖学金生效后,我俩一同去了那里。尽管我有三年的奖学金,但我们都不喜欢那个地方。莱斯利只呆了三个星期就走了,这就成为我另找一份工作的强大动力。就这样,我开始在西海岸找工作,莱斯利每月来看我一次,我也常回去看她。有一次我去看她时顺道访问了同在伯克利的西特斯公司,因为我认识公司的创建人之一格拉泽,他曾为我们这个班的研究生上过一门"分子生物学"的课,我发现他是一个非常有煽动性的教师,一个很风趣的人。同时,西特斯的科学家也给我留下了很深的印象。我已说过,70年代,科学家就业的机会并不多。去伯克利、威斯康星、约翰斯·霍普金斯等名牌大学转了一圈之后,我觉得自己应该有一个比去西北大学或伊利诺伊大学工作更好的职位。西特斯在1978年给了我一个职位,我接受了。

拉比诺　那一定是一次勇敢的选择?

怀特　是的,我想在那时肯定是。因为当时我的不少同事批评我作出这个选择。威斯康星大学一个叫菲奇(Walter Fitch)的研究生物进化的知名学者这样对我说:"从现在开始,你肯定不会有机会再做任何高水平的科学研究了。"我耳朵里尽是那一类言辞,都希望能把我拉回去。但我不这样想,因为从前曾经有,而且那年夏天还有,产业科学家到戴维斯的实验室来工作6个月。我对来戴维斯实验室短期工作的产业科学家有很好的印象,我觉得,所谓公司只有二流科学研究的说法,可能是学术界固有的偏见。那时,公司的人一般都不注意发表科研论文,外人很难真正知道他们的研究水平,因此,偏见也不容易被打破。不管怎么说,就对我所做的学术报告(包括在学术会议上和在大学里为求职而做的那些报告)的反应而言,最刁钻的问题都是西特斯的科学家提出来的。在我看来,公司科学家是一股非传统型的、思维活跃的科研力量,他们拥有比在学术圈内苦苦挣扎的教授们更多的人力物力资源,能够最大限度地发挥自己的聪明才智。

拉比诺 你是说,70年代末期去西特斯工作与现在去杜邦公司工作,是完全不同的两码事?

怀特 不错。事实上,西特斯公司是当时**唯一的**生物技术公司。我觉得基因泰克公司要么还没有成立,要么正在筹建之中,而渤健公司则肯定还没成立。因此,科学家去公司工作被视为非同寻常。那年,西特斯正在开始组建(只有一年的历史)重组DNA技术研究部,因为这项技术本身问世才两年时间。

拉比诺 请描绘一下当时的气氛。

怀特 刚加盟公司时,我甚至不知道以后到底要干什么。他们都在忙于为法国的一家大制药公司(鲁塞尔–于拉弗公司)研究提高维生素B_{12}生产效率的途径。那些合同规定的工作是保密的,因为全世界只有两三个维生素B_{12}的生产厂家,每家都在为提高这个商品的生产效率而绞尽脑汁,竞争十分激烈。

拉比诺 公司科研的坏名声之一就是其保密性,这一点看来不假。

怀特 是的。我进公司后开始了兽用疫苗的研制——那项工作不是保密的。我提出了一些解决问题的新方法,公司领导层告诉我:"如果你有把握这样做,告诉我们你需要什么。"就这样,我提出了用完全不同的方法去完成一个本来不属于我的事情。

拉比诺 是谁说"你有把握这样做"的？

怀特 我的同事们和一个当时任维生素 B_{12} 课题组负责人的资深科学家普赖斯,他最终成为西特斯研究开发部的头儿。他的优点之一是能够洞察新发明,并且敢于在实践中冒险。可以这样说,他具有超越个人正规经历,使你不能把他简单归属于生物化学家或任何其他专门科学家行列的才能。由于我曾在不同环境中受教育,所以,掌握了不少并非学术界一般人所能了解的知识,这一点在西特斯受到了高度重视。比如,他们有时需要做一个免疫学方面的实验,常常只有我懂得怎么做,其他人都不会;有时,他们需要合成某些化合物,也只有我能做。所有这一切,使我感到西特斯确实是一个全面发挥我的才能的地方,而不仅仅是雇用我干活的公司。我的设想在为数不少的研究项目中发挥了明显的作用。1981年,凯普和法利聘请我担任分子生物学研究部主任,原因之一就是在研究项目技术难题讨论会上,我经常能想出些经过公司努力就能解决问题的办法。公司的老板们开始认为我懂得如何做该做的实验,而且一般不会提出有可能引起冲突的实验方案。在有些研究项目中,人与人之间的冲突屡见不鲜,导致科学家之间互相不说话,直至人心涣散,无法再在一个组里工作。公司领导层让我做研究部的主任以改善这个被动局面,我不想当头儿,极力申明我不是那块料。公司的创建人坚持说,要么我自己干,要么提出一个他们都能接受的人选。我一连提出了几个候选人,都被否决了。于是,我只好走马上任。公司保证说,如果当不好主任,随时都可以回到实验科学这个我原先干起来得心应手的岗位上。其次,在我的一再要求下,公司同意为我个人保留一个技术员,以继续我自己在分子进化方面的学术探索。

拉比诺 那是不是没有任何商业前景的工作？

怀特 至少与西特斯公司的商业计划没有任何联系,这一点是我所欣赏的,而且,我认为这是一次公平交易。尽管我仍然对公司的项目感兴趣，因为公司的主要精力被用于克隆新的基因，我还是保持了自己与公司所有项目完全不同的研究领域。与纯学术圈里的模式相比，公司科研的最大特点可能是它的组织形式，它完全从产业目标出发，把不同学科的科学家，如生物化学家、分子生物学家和细胞生物学家等组织起来，而学术界的科学家都拥有自己的实验室，决定各自独立的研究方向。大学里的系主任不能指挥各个教授的工作，各个教授之间也不存在必须进行合作研究的压力。如果他们愿意，当然可以合作，但这种情况不多见。尤其在那个年代，你几乎看不到像今天这样有许多协作者在一起工作的大实验室。那时，年轻学者的地位比现在高得多。尽管我们感觉到那可能是一个特殊时期，但为什么不能长久维持呢，因为当时的情况看起来很正常。

科研焦点：治疗癌症

70年代末期，分子生物学、免疫学及相关学科的研究人员开始研究治疗癌症的新路子，他们抛开了胰岛素、生长激素等熟悉的分子，希望找到具有重要调节作用，但其准确功能或功能范畴仍然不为人所知的生物分子，企图在这个未经开垦的新领域有所突破。这个新领域的基础是免疫系统（特别是白介素），而白介素是由免疫系统的某个组分所分泌的、能促进该系统其他部分发挥活性的蛋白质。[14]如果能够人为诱导激活免疫系统的某些组分，那么，就有可能调节人体的免疫反应。如果经过加工，人体对特异抗原的免疫反应具有可控制性，能按照要求被激活或被修饰，那么，我们手中就掌握了治疗癌症的真正革命性的工具；如果该系统能被加工成自主系统，从而可操纵，那么，摆在我们面前的可能是一个医药、科学和商业的新纪元。

西特斯和其他生物技术或医药公司都认为，逐步趋向成熟的遗传物质体外操作技术，终将被迅速转化成体内有防病、治病功效的医药产品。这个自我强化的趋势,使得商业界、科学界和风险投资集团都围绕可能出现的医疗产品制订其科研计划,以确保自身对新的有医疗前景的分子同时拥有发明权和市场份额。西特斯从1979年开始研究应用价值十分看好的免疫调控蛋白——干扰素,并在1980年7月1日与壳牌石油公司达成合作开发的协议,规定由西特斯负责科研方面的工作,由石油公司负责产品开发的过程,包括通过政府机构药检程序、进行临床试验和市场调查。公司内部对投入如此大量资源进行干扰素开发研究的做法有争议,认为不少公司已经在这个方面捷足先登了。部分西特斯科学家还提出,即使要投资进行抗癌药物研究,也应该把网撒大点,搜索其他能影响或控制免疫系统的分子。然而,同整个生物医学界的情况相类似,大多数西特斯科学家相信,干扰素有可能成为临床首选的抗病毒药物。那么,为什么干扰素成了大家关注的焦点呢?

20世纪50年代中期,有一个研究小组试图解开动物一般不受两种(或两种以上)病毒同时感染之谜。他们发现,当细胞受一种病毒侵染时,它产生一个对其他病毒短效免疫的蛋白质。1957年,研究人员首次鉴定了这个看起来"干扰"(interfere)病毒感染的蛋白质,将其命名为干扰素(interferon)。在以后的15年里,尽管有关该蛋白质性质的研究仍在进行,但进展步伐甚小,因为天然产生的干扰素的量极低,分离纯化十分困难,更没法规模生产。由于分离纯化过程的艰辛和繁琐,1克干扰素在当时标价可达5000万美元,致使分析研究工作的代价高昂,也阻止了它在医疗上的应用。干扰素的科学研究基本停了下来。[15]

到了70年代中期,干扰素家族的不同成员相继被发现,人们开始在更广泛的基础上重新审视其作用机制。在尼克松(Richard Nixon)总统倡导"对癌症宣战"的那个冒进年代,由于人们普遍对治愈癌症带有很高的期望,经费投资增长很快,干扰素就被尊为最有前途的神奇药物和癌症克星。用干扰素治疗癌症的想法,在当时非常时髦,因为人们相信某些病毒是致癌的可能原因之一,尽管当时根本没有实验或其他任何证据证明病毒使人罹患癌症,但有确凿的实验证据证明存在动物致癌病毒。在半个世纪前,有人证明劳斯肉瘤病毒是小鸡致癌的病因,所以产生了一个貌似有理的逻辑推理:既然病毒使某些动物致癌,干扰素又干扰病毒的侵染过程,所以干扰素很可能就是预防或治疗癌症的希望。[16]

第一个人源干扰素基因是在 1979 年被克隆的,[17]在此后短短 18 个月中,有多个这类基因相继被克隆。那些巨型跨国制药公司,纷纷与受新诞生的生物技术明星们的无形资本支持的,拥有大量雄心勃勃、才华横溢且工作勤奋的年轻博士学者,但刚刚起步的生物技术公司相联合。老牌的瑞士公司罗氏就与基因泰克公司达成协议,共同开发 α 干扰素,而先灵葆雅公司则与渤健公司结成了对子。1980 年 1 月 16 日,由哈佛大学最新的诺贝尔奖得主吉尔伯特(Walter Gilbert)主持,渤健公司在波士顿举行了一次新闻发布会,宣布他们成功地通过细菌发酵生产了干扰素。同年 3 月 31 日,干扰素被作为《时代》(Time)的封面。干扰素结构与活性关系及干扰素生物学活性范围的界定等大量研究被转移到私营企业。科学记者泰特尔曼(Robert Teitelman)敏锐地观察到:

> 干扰素现象仅仅是生物技术的一次彩排。……它确立了企业家在学术界和官僚机构中的地位,……它使我们感觉到,生物技术革命的到来不仅是必要的,而且是可能的。干扰素还告诉我们,外包装或许比实质更重要,而为了达到目的,不但应该抛弃审慎,采用权宜之计,还可以不择手段。所有这些观念都与华尔街的某些特征极为吻合。[18]

然而,泰特尔曼把干扰素现象比喻为一次彩排,可能有误导读者之嫌,因为它暗示剧本和演员都是现成的。此外,这个说法似乎要告诉读者,干扰素登台亮相之前的科研舞台是一片净土,不存在什么外包装和什么权宜之计,更没有不择手段!即使如此,西特斯完全是个即兴表演的地方。

合作

西特斯与壳牌石油公司合作,进行着自己的干扰素研究。然而,到70年代末期,绝大多数干扰素基因相继被克隆,怀特和西特斯的其他科学家认为,公司要想保持长久的竞争力,只有不断拓宽研究领域。他们提出,应该把合作扩大到被称为生物活性肽或免疫修饰基因的"第三类"分子。壳牌公司在经过长时期的犹豫后,决定不参与合作。由于西特斯免疫公司(一个设在帕洛阿尔托的分公司)的科学家竭力坚持,西特斯决定单独干,并把白介素2作为其生物活性肽类产品的首选。大约在同一时期(1981年秋),罗森堡(Steven Rosenberg)和他在国立癌症研究院的同事们,报道了用人细胞系制备白介素2粗提物的令人鼓舞的结果。他们的结果表明,白介素2很可能具有强化免疫系统的功能,因而可能是有效力的抗癌药物。白介素2成了"当选分子"。

研究人员所面对的第一个障碍,是如何获得足量供试验用的白介素。传统的提取方法,即从数量巨大的小鼠脾脏提取白介素2,不仅成本高昂,效率很低,而且供不应求。尽管在设法使该程序产业化,而且在一定程度上提高了产量,研究人员还是常常为短缺白介素2而大伤脑筋。在小鼠体内进一步的试验结果印证了罗森堡方法的有效性以后,这一缺陷就显得更为突出。罗森堡写道:

> 1981年末进行的一个实验中,我们第一次治愈了癌症。
> 每一只注射癌细胞而未作其他处理的实验小鼠都在24小时内
> 死去,而80%经5000万敏化培养T细胞处理的小鼠,包括那些

带有明显成型肿瘤和有癌细胞弥漫性转移现象的小鼠,都存活下来了。T细胞找到并杀死了动物体内任何部位的癌细胞。[19]

罗森堡的成就很快带来了修订和改善给药方式和治疗方案的努力,也吸引了更多的研究者和研究机构参与癌症治疗。罗森堡的结果还直接导致了治疗方式"苛严",几乎超出了伦理道德许可的限度,因为它使人感到攻克癌症的最后胜利已经近在咫尺。

为了得到足够的白介素2,罗森堡来到了西特斯。他接受邀请于1982年7月30日在西特斯的子公司——西特斯免疫公司,做了一个关于白介素2的学术报告。由于该报告效果不错,他在三个月以后再次到西特斯报告白介素2研究的最新进展。虽然碰上了不少问题,西特斯的科学家仍然把β干扰素上临床试验作为1983年的首要任务,希望尽快开始这一工作。任何新药和新治疗手段,都必须经过一系列充分证明其有效性、充分说明其可能带来的毒副作用的预试验,用于人体的新药或医疗手段的临床试验还必须得到政府主管机构的批准。为了获得政府许可进入 I 期临床试验,研究人员必须准备一份"验证新药申请书"。这个过程要求呈报大量的文件,包括标准化的生产程序、前期研究的技术资料,以及与政府官员频繁的书信交往。在干扰素上临床的同时,克隆白介素2的工作仍在西特斯及其他实验室进行。依靠杜邦公司提供的白介素2,罗森堡在国立卫生研究院率先用他自己的方案开始了临床试验。尽管西特斯对该工作的进展感到高兴,罗森堡的临床试验与西特斯的工作之间的关系仍旧不明朗。西特斯希望就合作之外发现的白介素2在医学上的应用得到专利保护。

西特斯与罗森堡之间产生了重大的战略和道德分歧。罗森堡关注的焦点是会不会遇到专利或保密规定的限制,而西特斯科学家则担心一旦与据认为的科学和道德上的草率从事发生紧密联系,公司的声誉和商业前景必将受影响,因为罗森堡恰恰在临床试验方面素以胆大著称。不过,双方都觉得有必要借助于对方。1982年,西特斯免疫公司邀请罗森堡加盟,他拒绝了。他说:

> 生物技术产业的兴起,创造了接连不断的冲突,……特别是在传统的科学信息共享与商业化的信息私有之间。就是从那个时期开始,如果我向别的实验室要一些试剂,他们就会让我签署一份我从来不愿意签署的保密保证书,否则就不寄任何东西。……科学从来就是现实世界的一部分,它从来就不是单纯的,但是,科学是这个世界的一个特殊部分。今天,科学的特殊性正在消失。……这一点教导我与生物技术公司打交道时不能太天真。[20]

罗森堡忘了提及,大学和政府的实验室同样热衷于签订这种保密协议,他本人与国家癌症研究院的加洛(Robert Gallo)有合作关系,后者的非"传统"特征之一,就是参与推动实验材料和信息私有化的进程。[21]尽管加洛的行为可能与他曾经是"允许政府雇员从专利提成中分红"新规定实施后的第一批经济上获利者有关,但他的动机说不定更与公认为艾滋病病因发现者的竞争有关。这种竞争环境正是许多不同研究机构雇用的许多科学家造成的。

基于科学、商业和道德等多方面的考虑,西特斯公司对罗森堡和白介素2都有戒心。西特斯的科学家清醒地认识到,尽管有不少实验数据表明白介素2的重要性,但它远不是罗森堡所鼓吹的那种"神药"。他们认为,找到治疗某一类疾病的药物,即使这种病已经被人们充分认识,也依然是一个漫长的过程。无论这种物质的科学意义如何,联邦机构制定的申报程序使得药物开发变成了一场赌博,一场将耗费大量时间和金钱的赌博。而且,虽然听起来有点不合逻辑,但生产天然药物可能会比人工合成药物更困难、更繁琐,因为从进化的角度看,天然物质在疾病防治中的作用肯定是很复杂的,弄清其内源的相互关系就必定是长期而艰巨的任务。

根据上述及相关理由,西特斯要求必须提供单一成分,即该产品只具备人们所要求的特征。达到那种纯度当然需要时间。那时,西特斯的白介素2研究组每周工作70小时,因为他们知道,如果冒险把不纯的产品拿出去,有可能给公司带来巨大的损失。罗森堡却表现得极为草率。在西特斯的某些人看来,他已经到了危险的边缘。无论从科学还是从商业的角度出发,公司都应该找到尽可能多的合作者以保证试验数据的可靠性,还要同时在产业界和学术界寻找合作对象,以保证采集最广泛公正的数据。当这项工作临近结束时,西特斯陆续向1000多家合作机构提供了白介素2,它们中的绝大多数从事传统的细胞培养和动物试验。有些西特斯科学家提出,只有等到所有研究结果都出来后,公司才能进入被舆论广泛关注的但同时又是高风险性的临床试验。其他人则认为,白介素2的应用前景十分诱人,公司应该不惜代价,尽快把它推出去。罗森堡的实验和引人注目是一把双刃剑:一方面,由于他与政府机构联系密切,他的研究方案容易迅速得到批准;另一方面,他有自己的打算,看起来不会给西特斯任何好处。此外,"罗森堡被人称为学术界的牛仔,很有可能拿白介素2干些危险的事"。[22]来自罗森堡和其他实验室的数据都表明,白介素2的毒性问题可能不容忽视。每个人可能都会同意,开发多肽药物肯定有风险,问题在于要做多少前期实验才能得出客观的结论。西特斯人感到,罗森堡处理白介素2的态度是非常冒险的。

转折期

到1982年中期,法利在4年前的断言——"我们就在这里建设一个新的 IBM 公司。……我们认为,在现代生物学的产业化方面……西特斯是遥遥领先的世界第一大公司"——听起来已经很空洞了。[23]尽管公司与美国酿酒公司合作生产乙醇的研究获得了技术上的成功,但由于醇汽油的需求量太小,生产性放大试验的前景计划被取消了。1982 年5 月,加利福尼亚美孚石油公司也退出了与西特斯合作生产果糖的研究。这一事件引起了西特斯高层的严重关注,因为由于股票上市所得到的资金已经被大量招聘员工逐步消耗殆尽了。于是,他们以此为借口,在6 个月内辞退了89 名雇员。为西特斯提供资金的风险投资商和股票持有人还迫使公司改组。《华尔街日报》评论说:"加利福尼亚美孚石油公司决定终止与西特斯的合作对该公司是一个很大的打击,因为石油公司曾占有西特斯 17% 的股份。……在西特斯本财政年度的头9 个月,果糖相关的收入高达 160 万美元,占西特斯总收入的 8%。更为严重的可能是,与该石油公司的合同中包含了西特斯前9 个月研究开发基金收入的 18%!"[24]到1982 年夏天,每个与西特斯有关的人都明确看到,法利和凯普已经回天乏术,他们需要帮助才能渡过难关。公司开始寻找新总裁。《华尔街日报》作了如下报道:"西特斯公司说,它正在削减公司原先大杂烩式的研究项目的数量,准备集中精力开发那些具有商业可行性的产品。……分析家们虽然大都对西特斯所采取的紧缩策略表示赞赏,但对该公司能否成功做到这一点表示怀疑。"[25]

1982 年秋季,西特斯会见了由纽约"物色人才"公司提供的相当大数量的总裁候选人。事有凑巧,西特斯在一年前曾会见过而没有入选的法尔兹再次到公司竞争这个职位。圈内人士还记得,凯普,一个有教养的、说话优雅的绅士,在上一次拒绝接受法尔兹锋芒毕露的气质和时常带土话(特别是"脏话")的语言。观察家感到,由于法尔兹在渤健公司的地位已经被削弱,他可能在与凯普会晤时对自己的风格做些修正,以得到他的青睐。当然,更关键的是,西特斯的地位也在下降,它迫切需要一个"强有力的"领导人。法尔兹果然成了公司总裁,他受命负责公司的全部日常事务,确定公司的发展方向,统一公司的使命并使之获得新动力。同时,他还要保证公司赢利。为了实现上述目标,他构思并实施了一整套策略,从而使西特斯成为羽翼丰满的生物技术制药公司。

访谈:法尔兹

拉比诺　能谈谈你的家庭背景吗?

法尔兹　1938年我出生于英格兰并在那儿长大,在那儿上大学。我在伦敦大学接受了全部大学以后的教育,只不过在不同的学院而已。我在那儿获得生化遗传学博士学位。出去做了一两年博士后,我就决定转入产业化研究领域。

拉比诺　你是否从年轻时代就对科学感兴趣?

法尔兹　是的。我发现搞科学好像要比干其他事容易些。我想当你发现某些事使你感兴趣,而且你又能做得比较出色,你就会朝那个方向努力。我一生想干什么,主要由我自己拿主意,因为我父亲去世那年,我才16岁,第二年我就离开家乡了。我的求学经历与常规过程有些不一样。在英国,一般说来,孩子们从16岁开始攻证书,你须持有三张高级证书才能进大学,最后念博士学位。我的情况特殊,我没有机会继续第二、第三张高级证书期间的学业。我用业余学习的方式,在16至20岁期间,主要依靠晚上学习获得了后两张证书,因为白天我必须打工。获得进大学所必需的全部证书后,我回到了学校。

离家谋生的那段时间,我在一家制药公司干一份技术员的活。我的职责是清扫动物生活的笼子,那是"很初级的"工作。我的上司都是公司科学家,他们鼓励我,经常告诉我晚上应学些什么东西。我忘不了他们所给予的巨大帮助。我敢肯定,没有他们经常的鼓励,我不一定能坚持下来。

拉比诺 这么说,那是一个助人的环境?

法尔兹 是的,他们是成功的科学工作者,他们中的大部分人都念了大学,在获得博士学位后转到产业界做研究工作。我为他们干活,他们则鼓励我坚持学习。20岁时我得到了政府的奖学金,从此我重返校园,开始了大学生活。

我博士研究生阶段的导师是哈里·哈里斯(Harry Harris),他是英国医学研究委员会主任,相当于美国国立卫生研究院的院长,与医学有关的专项研究都是由该院批准实施的。在英国,承担医学研究委员会下达的科研项目的研究小组不承担教学任务。哈里在当时被认为是遗传学家中的领袖人物,他对我博士后期间的工作也产生了很大的影响。

拉比诺 那时候,你是否考虑过要回到产业界去?

法尔兹 没有。直到二十六七岁以前,我始终认为自己喜欢做基础研究,热爱学术界的生活,觉得那是一种很舒适的安排。我重新对产业界发生兴趣纯属偶然。我妻子那时在英国一家大型医药公司——葛兰素实验室工作,是那家公司新来的人事部主任的秘书。因为他刚从英格兰北部搬到南部,所以有一天,我妻子对我说:"你看,那个男人单身住在这儿,他的家在北方,我们为什么不邀请他来共进晚餐呢?"结果,那主任来了。饭后,开始谈论起职业来,他说:"你想没想过重回产业界工作呢?"我回答说:"没有,至少没有认真想过。"他又说:"在医药产业界,现在有许多好机会。"这类谈话持续了大约两三个月,有一天他突然问我:"为什么你不去见见葛兰素公司的研究部主任?"就这样,完全不同于典型的求职过程,我被邀请去公司与研究部的主任共进午餐。更使我惊讶的是,一星期后,我收到了被聘为葛兰素资深科学家的通知书,公司的研究部主任为我勾勒出一幅诱人的图景。

拉比诺 在英国的学术界和产业界之间真的有一条鸿沟吗?

法尔兹 是的。我永远忘不了,当我走进哈里斯的办公室,告诉他我要走了，要放弃医学研究委员会给我的博士后职位时，他狠狠地瞪了我一眼，责骂我背叛了自己的事业。那是1966年前后，总体来说，我敢肯定，那些从事学术研究的科学家认为自己与众不同，相对于产业科学家，他们有明显的优越感。当然，随着时间的推移，现在已经没有这种优越感了。

拉比诺　葛兰素有什么吸引力？

法尔兹　我想，回到产业界进行医药制品开发性研究的吸引力之一，是能够直接为治病救人作贡献。我认为，如果献身科学仅仅是为了获取更多的知识，那么，我是不会感到满足的，应该有些实质性的东西。

拉比诺　开始时，你在公司干些什么？你在哪个部门上班呢？

法尔兹　哈！哈！刚开始时，我告诉过你，我其实是走后门进公司的，至少有这方面的嫌疑。那时，我被聘为葛兰素级别最低的资深科学家。我有一个自己的实验室，有两名助手，我的实验室隶属于公司工业生物化学研究部。在那个部门，共有七八个与我相类似的实验室。我们的任务之一是开发被用来治疗某些传染病的抗生素的生产新途径，另一项任务是寻找机会开发新产品，特别是在工业用酶领域里。

拉比诺　酶制剂研究真的是探索性的吗？

法尔兹　对了，你必须先了解葛兰素。它有两种不同的生产能力，一是化学合成，二是发酵。公司拥有非常多的发酵设备，总发酵容量高达数万升，主要用于生产各种天然抗生素，也致力于寻找可发酵的有工业应用前景的产品。在那个年代，工业酶制剂刚刚兴起，加酶洗衣粉就是一例。人们也常常讨论能否生产用于刮胡子的酶制剂。我们确实发现了不少能去掉面部毛发的酶，讨厌的是它们同时也破坏了表皮层。

拉比诺　有困难。

法尔兹　是的。大概说来，葛兰素的科研就是寻找可发酵的新产品，从而充分利用自身巨大的发酵设施。你不敢断定公司可以永远生

产青霉素或维生素 B_{12} 等产品，所以我的任务之一，就是开发能利用现有发酵设备的新产品。

拉比诺 你干了多久？

法尔兹 我在葛兰素一共呆了9年，前两年我仅负责自己的小实验室，以后就成了工业生物化学部的主任，负责管理六七个像我这样的实验室。

拉比诺 照这么说，你提升得很快，那是不是会妨碍你进行实验室研究呢？

法尔兹 确实是这样。不过到那个阶段，你发现自己已经领导了六七个组的科学家，而这些人都有自己的研究小组。与以前指导技术员和助手为你做实验时不一样，现在你可以制订大一点的计划，然后由这些科学家去实施，你所要做的只是协调和管理，以保证不同的研究组都在朝着你所制订的有益于公司发展的方向努力，并为他们提供必需的各种支撑条件。就这样，我进入了公司的管理层。因为经常与课题组讨论各种完全不相干的科学问题或制订研究方案，也因为我对研究工作浓厚的兴趣，我一直没有放弃科学。以前的我往往同时干着两件不同的事，现在的我常常要同时与人讨论10个不同的科研项目。

一年以后，公司又任命我负责整个产品开发部的工作。不同于头两年中所干的两个基础性研究职位，产品开发部的工作重点是新产品开发。于是我不得不关心非生物学研究，因为产品纯化过程中有许多化学问题。我们的目的，是不断发现能够提高现有产品生产效率的分离纯化手段。我在那个位置上干了一两年，就再次得到了提升。公司让我去负责位于英格兰北部的公司最大的生产基地，它同时也是全世界最大的工业发酵设施之一。公司在那儿生产一系列用于治疗传染病的工业发酵产品和化学品，包括药物和维生素。

我在那儿干了5年。很明显，公司对我的处事方式和综合能力表示赞赏,因为他们把越来越多的事交给我。与这么多人在一起工作太有意思了,把不同背景的科研人员,特别是有造诣的科学家组合在一起,让他们共同完成新的、高难度的研究任务,这使我感到异常兴奋。

拉比诺　所以,在走上职业生涯不久,你就担任了领导职位。以后呢?

法尔兹　到1974年,我被任命为发酵研究开发部主任,那是总公司里一个相当重要的分部。同时,我开始代表公司出国访问,参加各种会谈,寻找技术开发的新机会。70年代,我经常去美国,并逐渐对这个国家产生了好感。也就在那时,基于我所参加的会议和讨论以及我在那些会上的表现,有几家美国公司开始跟我接触。那时,我觉得美国具有非常大的吸引力,尤其在人事方面,尽管我个人在葛兰素干得不错,但英国人总体来说相当因循守旧,不如美国人注重才干。我承认,葛兰素对我很好,但是,我这个人一直对新生事物,尤其是对在国际大舞台上发生的事情感兴趣。所以,当美国公司一开始跟我接触,我就动心了。

拉比诺　是否有任何阶级烙印或政治因素限制了你社会地位的进一步提高? 换句话说,你是否感到自己已经不可能继续在英国得到发展了?

法尔兹　嗯,我想是这样的。我是说,确实有这方面的考虑。你知道,我出身于一个普通的工人家庭,我事实上是一边打工,一边求学,才获得了一点成就。幸运的是,恰好在那个时候,英国人有机会靠自己的奋斗成才,因为工党政府建立了对每个人都开放的奖学金申请体系。所以,我是在那种非常规的情况下成长起来的。在潜意识里,我确实担心英国社会太注重阶级烙印,这种观念即使在今天也没有完全消失。这样说可能会得罪许多人,但是我管不了。我非常怀疑真的能凭个人努力进入英国公司的最高领导层。很明显,我有野心。我逐渐感觉到我在公司的地位已经不可能再上升了,而那些美国人却允诺了各种我在英国可能永远看不到也不敢相信的机会和好处。

我跳槽了。百时美公司*决定重组公司的经营方向和经营活动,它们为此设立了一个新的部门——产业部,负责统筹散布于全世界的各种大型生产设施,协调不同产品的产量,真正为市场部门服务。它们还重建了部门领导机构,我被任命为负责开发的副总裁,协调产业部内各种技术活动。这是从底层干起,参与旧企业改造和重建的好机会!

拉比诺 那么说,你又一次得到了好职位,你受到了重用,你喜欢那儿的工作,以后呢?

法尔兹 1975—1980年我在百时美工作。大概在1980年,有一个名叫阿拉菲(Moshe Alafi)的风险投资商给我打电话,他说:"我在肯尼迪国际机场,准备飞往日内瓦。我想告诉你一个非常好的机会。你是否听到过一家名叫渤健的公司? 我是那家公司的董事会成员。我们准备在美国筹建一个分部,你是否愿意参加那个分部的董事会并主持日常工作? 公司所有的一切都在日内瓦,我们希望在美国建设一个同样规模的实体,并希望找一个有你这样丰富经历的人来担纲筹建这个毫无基础的分部。"我回答说:"你在开玩笑吧!"他说:"不,不,不。这真的是一次非常难得的机会。"

长话短说吧。我们保持了接触,我陆续见到了与这个项目有关的一些人士,并被他们所具备的科学背景和所要干的工作所打动。跟上次一样,我没有半点不满百时美的想法。事实上,我已经被提升了。我参与了公司所有的特别项目,我的意见也充分被公司所尊重。可能我骨子里就不安分守己。我觉得从无到有筹建一家公司,本身就是不可多得的良机,而且,通过建设这家公司,我会进入现代生物科学的最前

---

* 该公司1989年与施贵宝公司合并,成为百时美施贵宝。——译者

沿领域,那儿很可能冒出激动人心的大突破、大发明,有机会挣到大把大把的钱。我意识到,应该抓住这个机会。

拉比诺　那是不是一次高风险的"跳槽"呢?

法尔兹　说"高风险",可能有点言过其实了。你干起某件事来得心应手的话,就别发愁。一旦干成了,很好;万一干不成,换个地方干别的事。只要你充满自信,满腹经纶,一技在身,你一定会找到另一份工作。我从来不把风险当回事。

拉比诺　在加盟渤健以前,你是否跟沃利·吉尔伯特*谈过?听说他是一个很难相处的人。

法尔兹　嗯,沃利是一个很不寻常的人。像我这样有着丰富的阅历,曾经在多家大公司供职的人,见到过太多的幕后操纵现象,也经历过许多次派系之争。你应该知道,有些人为了自己往上爬,不惜暗地里陷害自己的同事。只要对他们自己有利,什么样的坏事都能干得出来。沃利不是那种人。他缺乏好的人际关系,是因为除了科学,他对人、对事都太天真了。他好像一个被带到点心铺里的天才少年,总想把各种饼干都尝遍。除了科学,他没有任何职业技能,不懂产品开发,不懂生产,但是,由于他的智商较高,他总是说,"那些都太简单了",花一天时间就能把这些事全干好。我曾经开玩笑似的跟他说:"把这句话放到保险柜里去,别让它跑出来!"我想,在渤健与这么多卓越的科学家,其中不乏完全不受管束的人共事数年,最重要的体会之一是,你必须找到一个限制他们在科学之外任意发挥影响力的办法。如果你信马由缰,让他们全方位发挥,局势就会变得一团糟。必须建立一个机制,既鼓励科学家、生产人员和质检人员充分发表意见,又保证市场部的人员对上市产品有终审权。这就是说,在鼓励人们对所从事的工作提出广泛建议

---

　　*沃利是吉尔伯特的名沃特的昵称。——译者

的同时,要保证相应领域的专家拥有最终决定权。财务问题,由财务专家说了算;市场问题,由市场专家说了算;科研问题,由科学家说了算。

我在渤健只呆了两年,因为我再也不能忍受那种完全没有组织、没有秩序的工作方式。我来到了西特斯。

罗恩·凯普和我都是成立于80年代初的"生物技术产业联合会"的创会成员。有一次,我与罗恩在一起开会,我跟他说:"我在什么地方看到,你想去英国建立子公司。如果你正找人负责那个项目,我可能会感兴趣。"他说:"嗯,我们等一会再说吧。"那天下午会议快结束时,他来跟我说:"如果你真的有兴趣帮助我们建立子公司,那就到总公司来吧,公司正在物色人。我们保持联系吧。"到最后,他满足了我的全部要求,我就来到了西特斯。

拉比诺　那时,你如何看待西特斯呢?

法尔兹　罗恩当时认为有必要对西特斯进行改组,有必要建设除科研之外的实体,而进行这两项改革需要一个不同的管理者。很明显,在我同意加盟西特斯时,有一个问题我希望从他们那儿得到明确的答案。你知道,他们是公司的创建人。我们谈了许多关于我在公司的地位问题,当然也包括他们在公司的影响问题。我将得到重建该公司的全部领导权,他们保证不干预。双方同意把西特斯建成一个成功的制药公司。

西特斯是一架令人不可思议的科学机器,在那儿进行着许许多多极有科学前景的激动人心的研究工作。所以,我们必须决定哪些应该继续干,哪些应该停下来。问题首先是我们想干什么。你得记住,在那段时间,西特斯被人描述为此种大学:那里面有许多人在从事大量极有意义的科学研究,但是没有商业目标。公司刚刚上市,他们由此获得了以前这么做的其他任何人都没有的一大笔钱。他们也经历过一个困难时期,因为刚拿到那一大笔钱时,公司像发了疯似的招兵买马,经理们甚至不知道许多新招来的人该干些什么。高潮一过，他们就开始裁员，事实上，我加盟西特斯之前三个月，公司已经开始裁员了。

拉比诺　照这么说，你与公司之间有一个基本的理解，是吗？

法尔兹　嗯，可以说在我和罗恩及公司董事会成员之间确实存在这种理解。我不知道我与公司科学家之间是否也存在着这种理解。尽管我们已经准备把治疗领域作为重点发展对象，公司内部仍然存在着大量如何获得更多关注和更多资助的竞争。我们当时有白介素2，有干扰素和其他不少相关产品，我们开始着手挑选优先发展的产品和机会，决定该为这些产品的上市干些什么，并分析其市场前景，总之，我们开始注重系统性地思考、计划、执行和支持治疗领域的工作。

拉比诺　对这些治疗性产品的市场前景和赢利性，你当时的看法如何呢？

法尔兹　我们当时认为有5年时间，西特斯的产品就能上市，就能获利，当然，后来的事实证明当时估计过高了。

焦点：突变蛋白试验

一到西特斯，法尔兹就加强了公司管理机构，他从百时美公司运行部、产品部和市场部聘来了高级主管，还从埃克森公司聘来了一个专利法专家。总之，法尔兹迅速为公司提供了强有力的导向性，而这正是聘用他的初衷。公司在1983年的年报中告诉股东们："西特斯将成为北美洲一个完整和全面的保障人类健康的公司。"[26]很清楚，实施这么大的工程应该有一个非常细致但又十分大胆的规划。法尔兹把重点放在癌症治疗上："我们主动地集中力量，发展癌症诊断和治疗，发展传染病的诊断。"[27]这是一条高风险、高利润的战略方针，西特斯很快就实施了法尔兹的计划。法尔兹上任后的第一个财政年度中，公司就把70%以上的人力、物力资源投入到这个领域中。[28]《华尔街日报》1983年5月10日在第一版显要位置报道:"副总裁法利离开西特斯去创建新公司。""'气氛相当和睦',法利在谈到他离开公司的过程时这样说。法利还指出,有了负责日常事务的老练的经理,西特斯迅速完成了企业化改造。"[29]

尽管日后经常听到有人像崇拜神灵那样传颂拯救"搁浅的鲸鱼"的法尔兹,赞美他作为一个有进取心,有经验智慧的新总裁所具备的强有力的手腕和敏锐的商业头脑,但事实上,企业改造过程早在法尔兹进入董事会以前就开始了。当然,这一神话的传播无论对修复西特斯公司的声誉,还是对提高法尔兹的知名度都有好处。总之,在这个阶段,公司建成了新的结构体系。在以后的日子里,这个结构体系基本没有什么大的变化。1982年下半年,克隆白介素2的竞争明显进入了最后的关键性阶段,西特斯公司、免疫专家公司*和基因泰克公司已经知道要输给日本科学家谷口维绍(Tadatsugu Taniguchi),后者在1982年底分离克隆了白介素2。西特斯感到失望,但是并不气馁。绕过竞争对手关于"天然"基因和蛋白序列专利权的一条可能的途径,是突变改造一些无活性氨基酸,从而产生"突变蛋白"。西特斯用此方法获得了成功。到1983年5月,西特斯每批所能生产的白介素2的产量,是向罗森堡实验室提供样品的杜邦公司的10万倍。

西特斯公司在1983年6月举行了一次年度学术休假活动,罗森堡被邀请做学术报告。在那次活动中,西特斯管理层讨论决定,请罗森堡这位知名的癌症专家对公司的重组白介素2进行临床试验可能获得的补偿,将大于因为他本人的研究方式所带来的风险。因为美国癌症研究院拥有临床设施,并拥有美国食品和药物监督管理局(简称FDA)认可的院内实验医院,西特斯最终同意尽可能大量地向他提供重组白介素2。根据刺激T细胞生长速度的研究结果,西特斯生成的重组白介

---

* Immunex Lorp.,该公司2001年被安进公司收购。——译者

素2的浓度要比天然产物高20万倍,也比罗森堡以前用的样品纯度更高,作用更加明显。他写道:"根据不十分精确的统计结果,下一年内,我们使用后残留在试管底部被扔掉的重组白介素2的总量,将相当于杀死9亿只小鼠所能分离纯化得到的天然白介素2。"[30]他在回到联邦癌症研究院两天后就开始用重组白介素2做实验了。

　　罗森堡希望确定重组白介素2促进T细胞生长的能力,希望测定它在体外促使T细胞对外源细胞的致敏度,并希望用白介素2刺激产生更多的淋巴因子激活的杀伤细胞(简称LAK细胞)。这种细胞被称作细胞毒性T细胞或"杀手"T细胞,它们被白介素2激活后杀死不同类型的肿瘤细胞。罗森堡在实验小鼠上获得了巨大的成功,但他在临床使用中的效果却一点也不好。1984年,他被批准用重组白介素2治疗晚期癌症病人,而所有被治疗的75名病人都死了。此外,已证实白介素2对人体毒性很大。罗森堡遇到了挫折,但是他百折不回,因为他在以前遇到过这种考验。罗森堡和他在联邦癌症研究院的老板德维塔(Vincent Devita)决定冲破世俗医学观念的束缚,向儿童白血病发起比以前更大胆的进攻。他们获得了成功,尽管有病人死亡,还有病人并发神经功能紊乱症。罗森堡的最后希望,是同时使用重组白介素2和LAK细胞。FDA一直拒绝批准同时在临床中使用这两者,除非每个成分都经单独检验,而单独使用未经激活的LAK细胞肯定是没有作用的。1984年10月4日,FDA发了善心,终于批准了罗森堡的治疗方案。事实上,罗森堡接下去进行的实验既不是这类治疗方案的最后一站,也不是一个新的开端,他只不过迫使FDA放松了管制,他说:"我决定,治疗下一个病人的方式将与治疗实验动物一样。"[31]

　　盯着做。

◇ 第三章

PCR：实验氛围＋概念

法尔兹到西特斯走马上任，标志着西特斯公司要求集中开发商业产品的迫切性，因此，厄利克领导的人类遗传学研究组的命运受到特别的关注。厄利克加盟西特斯的原因之一，是他希望在旧金山湾区找到工作。当然，他个人的科学背景也不错，他对遗传学和免疫学的了解与研究，颇受公司领导层的关注与赏识。在保持个人研究体系的同时，厄利克也完成了公司要求的商业性产品如诊断测试盒、法医鉴定试剂盒等的开发。所以，他拒绝放弃对人类白细胞抗原（免疫系统中的高度多态性组分，简称HLA）的研究，也拒绝像怀特处理进化生物学研究那样，把自己的兴趣列入"私人"范畴。厄利克这样写道：

> 我决定加盟西特斯基本上出于人际关系的考虑，我喜欢
> 和尊敬盖尔芬德……和怀特。在答应到西特斯工作的那段时
> 间里，我尽全力结束了在斯坦福的研究。那是我一生中非常
> 困难的时期，我真的不知道自己的决定是否正确，我记得那时
> 常常整个晚上睡不着觉。我怎么会最终决定加盟以追逐利润
> 为目标的商业圈呢，我从来连想都没想过这样做，我真的坐立
> 不安。实际上，我当时根本不知道西特斯是什么样子，我不知
> 道它会朝哪个方向走。我想当然地认为，进行有应用前景的

基础生物学研究一定会很激动人心。……甚至在我到西特斯工作前,我就设想进行现在被称作HLA DNA 类型机制的研究工作。我还记得那一刻,……在与凯普谈话时我突然想到:"对了,如果他们认为我可以进行这方面的研究,我说不定真的会到这里来工作。"我没想到公司会答应,这个想法在当时看来完全没有理论依据。他们却答应了。我想,那是在公司度过令人满意的科学生涯的关键因素,因为你有一个令自己激动的真正的基础研究课题,而这个课题具有实实在在的商业应用前景! 你在为公司工作,但你却是一个道道地地的科学家。[1]

1982年夏天,公司确立了新的工作目标,成立了开发DNA诊断试剂盒的研究组。尽管厄利克实验室的部分科学家得以继续从事HLA基因的结构功能研究,他们的部分人力和物力资源却被调去进行改良现有技术路线、最终生产诊断试剂盒的工作。才木,一个年轻的技术人员,被任命为该项目的负责人。他是1981年夏天从微生物遗传研究组调到人类基因研究组的,他在那儿干了两年。HLA类型机制研究的工作量很大,很繁琐,才木总想调出去。他说:"这项工作对我来说太抽象了,它不过是凝胶上的DNA条带,某个条带与某个类型有关,而该类型又与某种疾病相关。"[2] 厄利克同情才木的绝望情绪,同意他在技术开发领域花更多的时间。DNA诊断研究组成立初期,科学家提出了一系列不同的想法和技术路线,以验证实现通用型诊断要求的可能性。他们的目标是尽可能简化现有程序,使之更容易被一般使用者所接受。复杂的诊断程序对研究者来说一般不成问题,但却是商业化过程中的绊脚石。例如,才木的任务之一,是要通过一系列实验证明是否能将寡核苷酸探针在溶液中直接与DNA杂交,然后用过滤的方式进行鉴定。他们一直干了差不多6个月才得出结论:溶液直接杂交及与此相关的方法都不行,因为杂交效率太低。照此推理,他们认为公司大胆倡议的"一步法试剂盒"八成不会成功:因为那需要很快地把许许多多不同的步骤合并起来,而我们对与此相关的每个因素(酶、试剂和实验条件等)都不甚了解。"孤注一掷"式的做法,尽管在技术上得不到支持,却受到媒体期望和公司领导人的鼓励,受到医学行业迫切需要克癌"魔弹"的刺激,还受到实施方案所能带来的大量仪器、设备、资金与人员投入的诱惑。

系统:β珠蛋白突变

在进退两难之际,DNA诊断研究组决定采用"倒行逆施"策略。他们选择了一个**已知系统**,把它改造成为遗传诊断的模型系统。导致镰状细胞贫血的β珠蛋白突变就是这样一个系统。到20世纪80年代初期,镰状细胞贫血已经被研究得相当透彻了,编码血红蛋白的基因序列被搞清楚,致病突变被确认为位于染色体特定位点的单个碱基对突变。对诊断系统来说,β珠蛋白突变是一个完美的挑战:在总DNA样本中只有一个基因发生了单个碱基对突变。

β珠蛋白突变位点有一个非常明显的特征:它恰好对应于某个限制[性内切]酶的切割位点。什么是限制[性内切]酶呢?某些类型的细菌拥有强大的适应外界环境的机制,它们通过产生能在特异识别序列位点(通常是4个或者6个碱基对)切割或者"限制性切割"外源DNA片段的酶,来保护自己免遭其他细菌DNA的侵染。产生这种酶的宿主细胞常常修饰自身的基因组,以保证该酶不能识别宿主DNA。因此,科学家将这些蛋白质称作"限制酶"。进化过程为这些细菌提供了惊人的适应机制,而人类把它派上了新用场,使这一机制与其原来的内容相脱离,变成了可将DNA切割成具有实验可操作性的较小片段的超微型工具。

限制酶有间隔地切割DNA,生成有特定长度的片段,按惯例将这些片段命名为限制片段。一个名为瑟慎(Edward Southern)的研究人员,发明了一种鉴定和比较这些限制片段长度的方法,通称DNA印迹法。该方法把限制酶切割产生的DNA片段放入凝胶中,用电泳技术给凝胶通上电流,DNA片段在凝胶中的泳动速度与这些片段的长短成反相关性。这就是说,DNA片段越小,它在凝胶中的泳动速度越快,在较短的时间间隔内可能通过较长的距离。电泳后,这些DNA片段被吸收或被"印迹"到膜上并保持其相对位置不变。然后把放射性标记的探针加到膜上,使探针只能与膜上的互补序列相结合,精心洗膜后压X光片,膜上的放射性使底片曝光,与放射性探针相结合的DNA片段的位置就能被确定。经过几小时到几星期的曝光后冲洗X光片,有放射性的地方呈黑色条带。[3]

DNA印迹法很快就成了分子生物学中一个不可或缺的工具。该方法与PCR有直接的关系,不光是因为其普遍的方法论意义,更因为穆利斯痛恨使用这一方法。他不喜欢一次实验就得做这么多步骤,不喜欢完成该实验所必需的较长的时间周期,也不喜欢使用放射性。其他科学家可能与穆利斯一样反感DNA印迹法,但是,由于该方法的巨大威力,也由于确实找不到可替代的方法,他们接受这个方法为实验室科学研究的一部分,只有穆利斯在不断地探索替代DNA印迹法的其他办法。

1983年1月,一篇里程碑式的重要论文宣布,他们应用两个探针区分正常和突变后的β珠蛋白等位基因,成功地完成了镰状细胞贫血的诊断测试。他们发现,从拥有正常β珠蛋白基因位点的纯合个体中提取的DNA样本,能与β珠蛋白探针杂交;从拥有镰状细胞β珠蛋白基因的纯合个体中提取的DNA样本,能与镰状β珠蛋白特异性探针相结合;从杂合个体中提取的DNA样本,则与两种探针都能杂交。[4]这是历史上第一次成功地在人类基因组DNA研究中采用等位基因特异性寡核苷酸探针。

虽然对β珠蛋白基因来说,这个诊断测试很成功,但是,该方法有不少重要问题。首先,该方法的成功依赖于一个比活性非常高的放射性探针。其次,即使应用实践中允许的最高比活性探针,曝光X光片一星期,杂交信号仍然非常微弱,说明这个方法的整体杂交效率很低。在上述实验中,因为研究人员知道主要在凝胶的哪个位置寻找相应的DNA片段,非特异性杂交的问题并不十分突出。所以,尽管获得了成功的诊断,该方法的局限性依然很大,对在激烈的商业竞争环境中工作的生物技术科学家来说,这种局限性尤为显著。

灵敏度:寡聚体限制性内切

厄利克研究组直接感兴趣的,不是镰状细胞诊断实验的商业化,而是创立一个具有普遍意义的诊断方法。因此,一旦决定用β珠蛋白作为模型系统,工作就沿两条平行的轨道开展起来。第一条轨道,他们致力于用非放射性探针来代替放射性很强的磷探针(^{32}P)。开发非放射性探针,不但从常规意义上考虑避免放射性对人体健康的危害,也出于商业化的需要。如果探针不能保存较长时间,如果探针不能重复使用,推广该试剂盒的困难就会非常大。当时确实有非放射性探针,只不过其灵敏度远没达到测定β珠蛋白系统的要求。第二条研究轨道,是要找到绕开DNA印迹法的新途径。其最终目标,是要发明一套适用于多种疾病的简单易行又能在一个试管中完成的诊断试剂盒。

DNA诊断研究组顺利地将这些要素置于单一系统中,创立了寡聚体限制性内切(oligomer restriction,简称OR)验定法。该法用直截了当的步骤,以β珠蛋白系统作为模型系统发展起来,为了保证测试结果的可靠性和高效性,他们进行了大量的实验。测试的第一步是样本的变性(加热DNA,使双链分子解开成单链),然后加入放射性标记的探针与样本中的单链DNA杂交。如果样本中的目标DNA具有正常的序列(即该序列中含有特定的限制酶识别位点),该DNA就能被重构;第二步,用限制酶再次切割DNA,产生一个带放射性标记的小分子量片段。只有出现镰状细胞致突变,才能看到该探针(被标记片段未被释放)。在技术上,用很简单的方法,就能把小片段DNA与未切开的、与探针结合的大片段DNA分开,从而确定样品所带的基因属于正常基因还是突变型。

尽管试验结果还不错,但该系统的灵敏度不够高,因为寡核苷酸探针不仅能与β珠蛋白基因杂交,还能与其他基因组序列杂交。于是下一步,研究者们决定在接近探针解链温度的条件下进行DNA杂交,把其他非特异性杂交产物与β珠蛋白信号分离开来。在如此"严格"条件下,任何与其目标结合不好的探针都将被剥除。严格实验条件当然能最大限度地区分特异性和非特异性结合,但也不可避免地降低了DNA杂交的效率。

这个系统在许多方面,包括短链寡核苷酸的退火温度,不同DNA序列样品的变性温度等,都是"经验性的"或者说很难预测的。此外,在探针标记、凝胶制备及其他实验条件等方面也存在不少问题,验证随便哪个因素的最佳实验条件都可能耗费一个月甚至更多的时间,工作量很大。挑战的关键问题当然是如何提高灵敏度,同时降低背景噪声。没有人看出有其他途径可以解决这一"灵敏度"难题,正如才木所说的:"人人都在试图放大信号,却没有人想办法放大目标。"[5]

发明家:凯利·B.穆利斯

1979年,以巴尔(Chander Bahl)——著名的合成寡核苷酸的化学家、诺贝尔奖得主科拉纳的长期合作者奈伦(Saran Narang)的学生——为首的西特斯公司DNA合成实验室有了一个空职位。DNA合成实验室的任务,是按要求为公司其他实验室合成寡核苷酸,并提供基本的技术服务。怀特说服公司新近提拔的主管重组DNA分子研究的副总裁盖尔芬德,会见前来应聘的生物化学家穆利斯,他是怀特在伯克利读研究生时的老相识。穆利斯对自己在旧金山的实验室职位感到厌倦,非常希望有一个富于挑战性的职业。巴尔虽然对穆利斯缺乏DNA合成方面的经验感到担心,但在怀特和盖尔芬德的压力下还是保持了沉默,所以,穆利斯如愿以偿。

穆利斯1944年12月28日出生于北卡罗来纳州的勒诺,在南卡罗来纳州一个名为希科里的小镇里度过了童年。他父母都是地道的南卡罗来纳州乡民,父亲当时是南方办公家具公司的推销员,周游全州推销办公家具和中学实验室装备。穆利斯这样描述他的父亲:

> 他是一个非常好的人,一个很有人情味的人。他喜欢旅行,我也喜欢。这看起来似乎是一种好笑的遗传,我现在确实喜欢旅行,我还喜欢咨询,有点像个推销商。你进去,在这个顾客身上花一点儿时间,然后离开,一个月后你又去,慢慢就与他们建立了友谊,但是你并未卷入到他们的所有痛苦和不幸中去,你只是在可能的情况下帮助他们解决问题,因为你一定会在夕阳西下时悄然离去。[6]

穆利斯5岁半时,为了照顾他父亲的生意,他们家搬到了南卡罗来纳州的首府哥伦比亚。在那个时期,穆利斯的母亲开始从事社区服务、家长教师联谊会、民防等工作。"她非常热衷于介入那一类事务,而任何时候你总能够在什么地方找到一些这样的事,到最后她几乎认识了哥伦比亚的每一个人。"后来,经过一段时间的分居,因为儿子们快要上大学了,需要大量的钱,她开始经营不动地产,靠小打小闹起家,却逐渐发展成"南卡罗来纳州最大的不动地产公司之一"。

穆利斯热爱学习,受家庭和老师们的熏陶,功课一直不错。回忆高中时代,穆利斯最喜欢与他的兄弟们一起制造土火箭,他说:

> 我们用空心管和任何能在院子里找到的材料制作火箭。后来,我们有了一把焊枪,就用来在空心管上焊翅膀。……我们设计的一座土火箭可以向上飞1英里(约1.6千米)再落下来,火箭体内有一只小青蛙,被关在用石棉和其他防火材料包裹的35毫米照相底片盒里,盒上带有一把降落伞以保证小青蛙能活着回到地面。……我家附近有一片荒芜的小沙滩,正好成了我们的发射区。我到现在还不知道那块沙滩是属于谁的,只知道从来没人干预我们的活动。有时候,周围的树木会被点着起火,我们总能及时将其扑灭。

他非常感谢中学时代的自然科学教师,他说:"老师曾告诉我们:'如果你想研究广义相对论,你不但能,而且能从这里开始。你不用等上了4年大学或受了相应的高等教育后才开始。如果你现在就想知道它究竟是怎么一回事,这里有一本书,看看你能否读懂。'甚至在儿童时代,我好像就对隐藏在事物背后的深层次问题,如算术的意义等,较为敏感。"他对老师在文学创作课上鼓励学生用文学形式表现自己,有着美好的记忆。"高中毕业时,我就觉得受教育这样的事好像我自己就能完成,我喜欢去图书馆。"总体说来,他成长的自然环境良好,社会环境也相当有利,他享有充分的个人自由和空间。穆利斯没有在自我介绍中直接描述社会和政治因素对自己成长过程的影响。

伯克利

1962年,穆利斯按照他兄长的模式,去佐治亚理工学院上大学,专攻化学工程。他在学校干得不错,除化学外,他还对物理学(包括宇宙学)产生了浓厚的兴趣。在听到他的朋友对伯克利赞不绝口的介绍后,他决定报考那儿的研究生。使穆利斯感到惊奇的是,他居然被这么有名的大学录取了。穆利斯觉得,自己与伯克利没有任何人事方面的联系,用他的话说:"没有可以打电话求助的人。"他对伯克利感到新鲜,"像一个刚从监狱出来的犯人"。在佐治亚州,没有一个人"会在实验室合成构成致幻剂的新分子,然后跟你说:'这个物质有什么功能呢?如果你把它放进嘴里,会有什么样的感觉呢?'在伯克利的化学或生化实验室里却总有些这样的工作在进行。我刚到那儿时,他们尚未确定这些物质是否有害于人体健康,也不知道合成这些物质是否违法"。

1966年,穆利斯去加州大学伯克利分校攻读生化专业的博士学位,开始时,他的导师是威尔逊,他允许穆利斯根据自己的爱好选修不同专业的课程。穆利斯认为自己能从同学们那儿获得足够的这方面的知识,仅仅选修了极少量的分子生物学或生物化学课程。后来,他逐渐喜欢在尼兰兹(J. P. Neilands)的实验室工作,尼兰兹平易近人的精神使穆利斯如鱼得水。虽然尼兰兹是一位反战积极分子,穆利斯却认为他的反战情绪主要来自道德观,而不是政治主张。"他的信条永远来自道德准则,他关注的是对或错这类事。他是个好人。"他个人的性格特征,加上自由讨论的氛围,使尼兰兹的实验室不是常见的那种高压、独裁,只问产出、不问学生死活的实验室。"每天下午4点左右,他总会来到实验室,用一个可装4升水的烧杯泡上一大杯茶,然后我们一起去休息室,喝茶,闲聊他或随便哪个人感兴趣的话题。"穆利斯渐渐把越来越多的时间花在这个实验室里,因为尼兰兹只要求研究生完成最低限度的工作。他希望学生做出严谨的科学研究,但是不希望他们为了完成实验室甚至自己的研究计划而成为工作狂。穆利斯感到那种环境十分适合于自己的秉性。他写道:

我与伯克利的其他同学一样，都服用LSD*，它总是刺激思维。从"LSD之旅"带着满脑子奇思异想回来，一切都搅乱了，你恨不得都置之脑后。从那时开始，我就觉得宇宙学理论要比"大爆炸理论"或"稳恒态宇宙论"更过硬。事实上，在我看来，如果你从外部考察宇宙，而不用合理的方式去考察，就会得到互相矛盾且无法调和的这两种观点。但是，如果你试着从内部考察宇宙，你就会发现宇宙既不可能来自某个瞬间的大爆炸，也不可能永久膨胀。这些确实不是考察宇宙的好办法，因为你处在宇宙内。如果你考虑这个因素，就能得出这个小理论。

穆利斯在1968年5月把一篇题为"时间反演的宇宙学意义"的论文，寄给《自然》(Nature)杂志，经过两次退稿并与编辑进行了观点明确的意见交流，文章最终被接受了。"一个研究生独立在《自然》杂志上发表论文，实在是一件不多见的事。我那样做了，其实我当时并没有意识到，我在做一件几乎没有先例的事情。我觉得，如果你有一个新的想法，就应该到《自然》上去发表。"穆利斯承认，那篇在《自然》杂志上发表的文章帮助他通过了自己没有精心准备的博士生资格考试，因为考试委员会无法不让他通过。

1972年，穆利斯获得了生物化学博士学位，论文题目是"微生物铁转运因子的结构与有机合成"。这项研究做了大量有机合成实验，他说："我喜欢干些从来没人干过的事情。……我不怎么关心所合成的物质是什么，只要它是个新东西。当然，铁转运因子的大小和结构都易于被合成。通过这篇论文，我学到了许多化学知识。"穆利斯觉得，他论文

---

　*麦角酸二乙酰胺，一种致幻剂。——译者

答辩的基调是"叙事性轻诙谐曲",不时有些争论(部分论文指导委员表示了强烈的不满,还有些人则进行了直截了当的批评),但是,尼兰兹的有力支持保证了论文答辩成功。

毕业后不久,穆利斯就陪伴他的新妻子去了堪萨斯,她在那儿上医学院。穆利斯并不认为推迟自己的科学生涯会有什么坏处,因为他打算写一部小说。"几经努力,我发现自己并没有为写出一部好小说而积累足够的阅历,我想不出如何使一部分人物具有不幸的遭遇。这一努力失败了。"于是,他去一个研究儿童心血管病的实验室,协助研究儿童慢性肺病的生化机制。这份工作在不少方面展示了穆利斯的性格特征:首先,个人感情上的选择重于职业方面的考虑;其次,他所接受的职位明显低于伯克利博士的身份;第三,他对拓宽自身的科技知识面(这里主要是生理学和医学的学识和能力)表现了极大的兴趣;第四,他的学习曲线——迅速上升,然后徘徊不前,最终进入失望和不安阶段——再一次体现了他的个人特征。正如穆利斯所说的那样,他对宰杀实验动物感到厌恶,对每天都在"一口袋实验小鼠的脑袋和其他肮脏东西中度过"不满。他开始写些科幻小说。

1975年,穆利斯与他的第二任妻子分手,偕同将成为他第三位太太的女友,一个护理专业的学生,从堪萨斯回到了伯克利。他在当地一家名为"黄油杯子"的小饭馆兼咖啡馆做了近两年的经理。1977年,他在那里再次遇见了怀特,怀特告诉他加州大学旧金山分校医学院药物化学家萨迪(Woefgang Sadee)的实验室正在招聘研究人员,他们需要对分离内啡肽(大脑里产生的阿片样分子)感兴趣的化学家。于是,穆利斯再次承担了与他在堪萨斯的职位相当的工作,这是一份刚开始时充满挑战性,而报酬又明显低于博士后标准的工作。为了尽快抓住机遇,进入角色,穆利斯充满激情地投入已在运行之中的脑与药物研究。历史很快就重复了,没多久,穆利斯又发现自己每天在宰杀实验小鼠了!

西特斯公司,1979—1981年

当怀特把西特斯公司正在招聘员工的消息告诉穆利斯后,他提出了申请。对穆利斯来说,这是一个"DNA合成开始变得有意思的阶段,因为经过多年的努力,化学合成DNA的可能性正在显露出来"。DNA的合成与克隆正在变为现实。"这方面的工作近来很活跃。我们公司用有机化学方法合成了一段DNA,我认为这是了不起的进步。去图书馆查阅了文献资料后我发现,有可能设计出化学合成寡核苷酸的新方法,后来真的做到了。"[7]穆利斯在西特斯重复了自己的学习曲线,刚开始时工作很卖力,但很快就对工作量大且几乎天天重复的寡核苷酸合成感到厌倦,他给自己制订了计划,希望提高现行合成方法的速度、容量和效率。穆利斯所表现的离经叛道精神,对公司当时采用的合成程序的挑剔和越来越尖锐的批评,使之与巴尔发生了冲突。然而,穆利斯能够证明,用他的新方法合成DNA不但产量大大提高,而且节省时间和试剂,提高了工作效率,确实优于公司当时采用的方法。他回忆说:

> 从每周的工作时间来看,那个时期可能是我一生中最勤奋的时期,因为我对自己所从事的职业非常感兴趣。学会如何合成DNA太有意思了,那是纯粹的简单的有机合成,没有实验小鼠,那是我对西特斯充满激情的时期。……他们刚刚得到大笔可用来聘请科学家从事各种研究活动的经费,而生物技术正如日中天。当时,公司里到处是各种关于以后我们该干些什么的大胆设想,科学家的想象力似乎完全不受限制。……这家公司太有意思了。……他们是大红大紫的生物技术产业的中坚力量。形势大约在三年后开始变糟,公司越来越商业化,再也找不到原先那种学术自由的气氛了。[8]

1981年4月,怀特被任命为重组DNA分子研究部主任,他提拔穆利斯接替巴尔为DNA合成实验室主任。怀特认为巴尔的工作效率太低。穆利斯的主要任务,是加速和优化寡核苷酸合成。没过多久,发生了一系列冲突,其他实验室的科学家和技术员纷纷抱怨穆利斯实验室所合成的DNA质量不好,稠度不佳。原来,为了加速DNA的合成,穆利斯下令撤销对他们所合成的每个DNA片段进行序列测定这道工序,因为在当时,序列测定仍是一项极费时间又大量使用同位素的工作。为了绕过这桩苦差事,穆利斯尝试用数学方法,根据新合成的DNA序列计算其理论紫外光吸收率,然后检测其实际吸收率,再根据两者的符合程度来确定所合成序列是否完全可靠。尽管这一方法有创新性,却未经实践检验,西特斯的科学家显然不打算立即接受它。于是,这些科学家纷纷把他们在克隆实验中遇到的问题归咎于穆利斯实验室提供的DNA引物质量不高,而穆利斯则坚持认为这些问题是他们自己的能力不够所引起的。

他完全相信自己能够在不牺牲质量的前提下,提高DNA合成的速度。他坚信自己的直觉,对于其他科学家提出的用序列测定证实光吸收法准确性的要求,他嗤之以鼻。因为穆利斯没有进行一系列标准的受控实验,反对者们越来越怀疑这些引物的准确性,对穆利斯的成见和敌意也越来越深。最后,他们搬出行政命令来对付穆利斯。怀特下令进行受控实验。穆利斯照办了,实验证明了光吸收法结果的可靠性,也证明了穆利斯才智过人。他的再次成功进一步强化了怀特关于穆利斯是一个发明家的看法。怀特指出:

> 几乎在公司的每次科技休假活动中,穆利斯都会提出不少奇谈怪论,其中相当一部分是完全错误的,因为他确实不熟悉分子生物学的最基本概念。同时,由于穆利斯的锋芒毕露和好斗的习性,他的意见常常得不到同事们的支持,最终在会

上被否决。穆利斯不能友善地对待批评他的人,这些人也越来越恨他。[9]

因为穆利斯与他组内另一位化学家之间的矛盾多次在公众场合激化,加剧了合成寡核苷酸实验室的内部紧张关系,对实验室的日常工作影响甚大。有这样一件事,穆利斯怀疑他的女友与隔壁实验室的一位技术员有暧昧关系,醋意大发,威胁说要把枪带到实验室来,吓得他的女友只好给怀特打电话求助。怀特最后决定干预,当然不是解雇穆利斯,而是让受威胁的女方出去休假一个星期。有关穆利斯的此类故事还不少。

穆利斯仍在寻找更好的合成寡核苷酸的方法,他说:"我喜欢动手做实验,所以,我有各种各样的寡核苷酸,但是我并不了解这些寡核苷酸的化学特性,而事实上也没人真正了解它们。"[10]他尝试着修改化学合成途径中的参数,发现人们对DNA的变性和复性过程知之甚少,而那恰恰是一个相当不规则的过程。穆利斯首先研究了DNA变性的温度与时间关系,希望通过一系列的计算机程序,来预测某个特定序列的解链温度。他认为,一旦确立了这些阈值,就很容易推算出DNA的复性温度。当时,穆利斯手上有一台能够区分键合碱基对与变性碱基对的分光光度计。那台机器拥有温度控制装置,所以,随着温度升高,穆利斯能清楚地看到键合碱基对受热分解的临界温度。通过这些实验,穆利斯认为,温度变化的速率对碱基之间的结合或分解几乎没什么影响。"我当时的结论是,单链寡核苷酸很快就能结合成双链。"[11]上述结果还表明,DNA合成中的复性时间可以被大大缩短。

DNA合成仪的应用与进一步改良,是发生在70年代末和80年代初的另一项与寡核苷酸合成有关的重要技术创新。穆利斯指出,一家名为生物研究(Biosearch)的公司制造了第一台合成DNA的原型机。穆利斯在加州大学旧金山分校的朋友、多肽化学家库克(Ron Cook)为他搬来了一台样机。[12]虽然这台机器并不是非常成功,但仍然为研究者节省了大量时间,它把平时一个月的工作压缩到一天之内完成!穆利斯对这台原型机的改进提出了许多积极的建议,他尤其热衷于编写新的程序。有了这台仪器,穆利斯的实验室成为生物技术界最早实现DNA合成自动化的单位之一。该机器的应用,使寡核苷酸的生产效率至少提高了10倍。随着仪器的进一步改良,工作效率还在不断提高。工效的提高使穆利斯能够把更多的时间用在计算机上,他设计了能有效地简化实验室管理程序的软件。他写道:

> 我在探索实验室管理过程的全面计算机化。开始时仅仅出于个人爱好,后来才发现计算机确实把我要干的全干了,我几乎不用去实验室,只要呆在家里打开计算机终端,就能看到实验室所发生的一切。我预先把实验室里的分析仪器全都与计算机相连,只要研究人员打开仪器做实验,计算机就开始积累并保存数据。所以,计算机里有我所需的各种资料,包括即时实验进度,我几乎能从计算机里知道实验室所发生的一切。不过,那段时间反正没有什么令人激动的事。[13]

穆利斯逐渐被称为"循环"的迭代过程所吸引。这个理论对计算机程序设计师来说当然不是什么新东西,因为计算机就是为了迅速完成重复任务而设计的。但是,对生物化学家来说它却是全新的,他们很少考虑为什么要一而再、再而三地重复某个过程。所以,无论在公司用大型VAX计算机,还是在家里用自己的Amiga计算机,穆利斯都在摆弄迭代问题,并开始探讨指数扩增问题——这可能是他整个PCR概念中最关键的原始成分。[14]正如他实验室的同事兼好友利文森所说的那样:

那时,凯利整天潜心于分形研究。他总是按照一个很简单的数学方程得出些有规律的结果,然后把这些结果代回方程,再开始新一轮运算。很可能,某个概念明确的萌芽已在那时诞生了,他正在考虑如何把这个萌芽变成大范围的实践。[15]

PCR元年:1983年春到1984年6月

穆利斯先后在不同场合介绍了自己发明PCR概念的过程:在1990年4月发表于《科学美国人》(*Scientific American*)杂志上的文章中,在1990年冬季至1991年杜邦公司与西特斯公司专利仲裁案的证词中,以及在此后一连串的采访和正式发表的论文中。众所周知的关键时刻,可能是1983年春天的一个周末之夜,在穆利斯驱车数小时从西特斯去门德西诺县自己的乡村别墅时,在那蜿蜒的州际高速公路上,和在那不平的乡村公路上。[16]穆利斯不能确定这个关键的时刻究竟发生于1983年的春季还是秋季。不过,他清楚地记得"当时正是七叶树开花的季节"。《森塞特西部园林手册》(*Sunset Western Garden Book*)是这样描写七叶树的:"七叶树,落叶乔木或大型灌木,叶片呈扇形,有齿裂,组成锯齿形小叶。花于枝条顶端呈长、致密且鲜艳花簇。加利福尼亚七叶树,原产于海岸山岭和内华达山脉海拔1200米以下干燥的山坡和山谷。每年4月或5月,当树上挂满微香而滑腻的花羽时,远远看上去就像是一架巨大的烛台,景色十分壮观。"[17]

在驱车途中,穆利斯孕育了PCR的原型,他让自己的思绪离开了日常实验事务,离开了令每个科学家伤脑筋的实验室,因为巧妙的构思总是与成功的实验系统有差距。穆利斯当时在考虑如何提高顽固不化而富有挑战性的β珠蛋白实验系统的灵敏度。怎样才能有效地检测到DNA样品中特定位置上是否发生了单个碱基的突变呢?[18]思绪的列车终于使他把DNA聚合酶和DNA序列测定联系到了一起。

科学家早在50年代就分离纯化并鉴定了DNA复制和修复所必需的DNA聚合酶。[19]无论实际上的操作有多复杂,聚合作用原理却直截了当。DNA复制起始于DNA的解链,双链DNA分解成单链的过程是细胞分裂过程的一个正常环节,在实验室里,常通过加热双链DNA得到单链DNA。一旦双链DNA被解开,复制过程就开始了。当然,这是一个受多重控制的过程。首先,聚合酶不能在DNA单链上起始复制,它们需要有一个与单链DNA相结合的位点。这个位点,实际上是一段寡核苷酸,被称为**引物**,与引物相结合的单链DNA相应被称为**模板**。聚合酶只能沿着模板,从引物的末端开始进行DNA的扩延。要完成这种扩延,还必须不断为聚合酶提供构件——核苷酸。在细胞内,这些构件是现成的,而在实验室条件下,就必须人为加入。聚合酶按照**互补**的简单原则进行引物的扩延。双链DNA的螺旋式结构,主要由特定碱基对之间存在的大量氢键所决定,组成DNA的4种碱基(腺嘌呤A,胸腺嘧啶T,鸟嘌呤G,胞嘧啶C)按照A—T,G—C的互补原则配对结合。DNA复制的另一个原则,完善了这幅图景:因为DNA复制只能按互补配对原则进行,所以,双链DNA都呈**反向平行**。虽然两条DNA链的碱基组成完全一样,键合却只能在一个方向上发生。根据惯例,一条DNA链的3'端只能与另一条链5'端相匹配,反之亦然。反向平行原则对于DNA复制至关重要,因为它确定了聚合酶沿DNA模板滑行的方向和DNA复制的终点。

当时,穆利斯正在考虑如何更快、更准确有效地鉴定出导致镰状细胞贫血的β珠蛋白基因中的单碱基对突变。诊断试剂盒的最终目标,就是用极少量的目标来鉴定高度复杂的目标中的特定序列。人们首先碰到的困难,是如何从复杂而又极难操作的DNA分子中分离目标序列(带有β珠蛋白基因的DNA序列),然后才能考虑如何从所分离的目标序列中鉴定基因突变。穆利斯和其他人都曾想过是否可对标准的DNA序列测定技术作些改进,提高其灵敏度和工作效率,因为通过序列测定,单碱基突变及其相关序列都能被鉴定出来。穆利斯应用大量已知技术、原理和策略,精心设计了一系列实验,试图一举攻克常规序列测定中的"灵敏度难题"。DNA序列测定的理论基础和实践依据都是碱基配对的互补原则,人们相信,如果标记了互补碱基对中的一个碱基,与其配对的另一个碱基就能被鉴定。有许多方法标记被用来与目标DNA杂交(即与单链目标DNA相结合)的寡核苷酸探针,穆利斯实验室的任务就是为西特斯公司的其他科学家提供这种探针。

穆利斯反复思考的,是一个他曾在实验室里多次宣扬的构思:能不能用两个分别位于目标碱基对两侧的引物来代替现行的单引物法? 如果这两个引物只能分别与两条反向平行的DNA模板链结合,如果这两个引物的大小不同,那么,两条DNA链的序列将同时被测定,而且互为印证。穆利斯写道:"我在当时并没有意识到,出现在我头脑里的两条分别与反向平行、含有目标基因序列的模板链相结合,3′端直接指向对方的寡核苷酸链,事实上使我走到了发明PCR的边缘。"[20]因为他沉浸在如何提高测试灵敏度、解决诊断试剂盒的问题中,他虽然走到了发明的边缘,却与发明失之交臂。

为了克服诊断测试中可能出现的其他问题,穆利斯在他的思想实验中又迈出了一大步。因为合成DNA的构件(核苷酸)很容易散落在反应体系中,也很容易被聚合酶错配到新生链中,从而产生有关目标DNA的假象,所以,有必要及时除去反应体系中的离群核苷酸。穆利斯想到,用分两次加聚合酶的方法来防止这个问题。第一次加聚合酶,是为了将体系中残存的构件消耗殆尽或大大降低其浓度,因为这些核苷酸能被聚合酶用于扩延寡核苷酸。只要加热反应体系,这些新近扩延的寡核苷酸链就会与目标DNA链解开形成单链。虽然它们仍然留在体系中,但穆利斯认为这些随机合成的寡核苷酸链的总量远小于目标DNA链,加入过量未经扩延的引物并冷却体系,目标DNA还会与这些引物相结合。穆利斯在一定意义上颠倒了典型的DNA序列测定反应,因为他希望先用完所有的构件而不是大量加入这些材料。

穆利斯觉得,经过预处理后,引物仍能回到原设计位点与模板DNA结合,从而在正确的位置上接收被标记的构件。只要将特殊设计和标记的单核苷酸及聚合酶加入体系中,就能准确地合成与目标DNA互补的新生核酸链。但要是聚合酶扩延引物到原引物抛锚的那个点,就会有两个原模板复本。"是的,"他补充说:

> 令人头疼的问题仍然存在。例如,由第一个假反应所扩延的寡核苷酸链会不会干扰真正的DNA合成?要是假反应扩延了大量碱基对,而不是想象中的一两个,会发生什么事呢?如果假反应所扩延的寡核苷酸链中出现了包含其他引物分子的键合位点的序列,那又怎么样呢?那样肯定会出问题——我的思绪突然停止了,我意识到目标DNA序列将与扩延的寡核苷酸链完全一样。照这样说,第一个假反应有可能使样品中目标DNA链的数量翻番![21]

根据穆利斯后来对这一思想实验的回忆,这是具有突破性的关键时刻。与分形和其他计算机程序打交道,使穆利斯本能地想到了迭代过程。这种迭代,一而再,再而三地重复,从体力活动的角度看,费时乏味到了极点,而对计算机来说却几乎是毫不费力的事。穆利斯联结了计算机和生物科学这两大领域,看到DNA模板总量翻番实验的辉煌前景,因为它呈指数形式增长。

还有最后一个问题没解决:专一性。因为在PCR的第一个回合中,科学家无法中止聚合酶对引物的扩延。但是,穆利斯很快就发现,在第二个及后续的链反应中,情况就不同了。由第一个回合得到的那些"长反应产物"只能被扩延到另一个引物与模板 DNA 相结合的部位,过了那个位点,扩延反应就无法进行了(没有模板了)。所以,PCR 产物的长度是确定的,它包括两个引物及其所涵盖的模板 DNA,PCR 以指数形式扩增了一段特定长度和序列的目标 DNA。"有了! 到那时,我早已把诊断试剂盒的问题忘得一干二净,我开始意识到这将是一个能被用于扩增任何 DNA 片段的方法,因为我可以改变这些寡核苷酸的序列,以保证它们能与新的模板 DNA 相匹配。"[22]

　　经过一个几乎把自己山间小屋中所有的纸片都用来打草稿的周末,穆利斯回到了西特斯。尽管对自己的新想法充满了热切的希望,他还是保持了冷静,因为他觉得有点不可思议,为什么以前居然没人想到这么简单但是威力无比的方法。因此,他干的第一件事是查询是否有人已经想到了这一点。西特斯图书管理员为他做的文献检索没有发现任何这方面的线索。穆利斯开始询问西特斯实验室内的科学家和技术人员,看他们是否知道存在能够得到相似结果的现有技术。没人知道,事实上,文献检索以后,穆利斯就兴高采烈地在各种公开场合到处讲解自己的新发现。西特斯实验室内甚至外部的任何人都可能根据他提供的线索去申请专利或进行产品开发,从而使他完全落空。但是,没有一个人这样做,没有一个人受他的构思所启发。

　　关于先有技术的查询一无所获,使穆利斯精神振作,开始更系统地查阅关于聚合酶的资料。穆利斯愈来愈相信自己所走的是一条创新的道路:因为他几乎没有找到任何有价值的,有助于确定他所需要的实验参数的技术文献。整个 1983 年夏天,穆利斯都在设想 PCR 反应可能产生的结果,但是,没有实际进行任何能够帮助他揭开这个谜团的实验。迄今仍不清楚,穆利斯究竟为什么在顿悟后的三五个月不做任何实验! 可能有几个因素决定了他无法立即行动:与在西特斯的其他所有人一样,穆利斯的工作很忙;穆利斯的个人感情危机影响了他的工作;他在西特斯的同事们几乎都对这一新设想持否定态度。总之,穆利斯关于PCR的描述几乎没有引起他的朋友和同事们的注意。

1983年8月,穆利斯第一次在公司正式作了一个有关PCR原理的学术报告。[23]人们对这个报告的反应冷淡,只有少数几个实验技术人员有些兴趣。穆利斯回忆说:"绝大多数人要么在我结束报告之前就离开了会场,要么故意留下来给我出难题。你知道,他们是我的朋友,他们已经习惯于听我发表异端邪说,他们认为这肯定是胡说八道。"[24]原因在于穆利斯在西特斯的信誉不高,这远不是他第一次自以为是地提出轰动性的主张。在他记录第一次试图用实验证明PCR机制正确性的笔记本中,赫然写着比发明PCR更重大的事件。穆利斯说:"在第141页,我正尝试攻克癌症。"[25]因为穆利斯没有一星半点支持PCR这个构想可行性的实验数据,大部分听众其实是听而不闻,连想都没去想。那时,公司里像怀特这样对穆利斯持同情态度的人,都在为赢得使干扰素和白介素2顺利进入临床试验这场近乎残酷的竞争而没日没夜地工作,他们经常每周工作70到90小时!法尔兹的走马上任以及他对公司商业化的要求,毫无疑问加剧了本来就很紧张的工作日程。

在1983年的夏季,甚至再靠后些,在穆利斯紧张地进行PCR实验的1984年,没有人再提到有关这一先有技术问题。对西特斯的科学家、技术人员,甚至对公司里著名的科学顾问团成员来说,穆利斯的主张似乎完全不值得他们去深究。利文森于1983年在穆利斯实验室工作过,他说:

> 穆利斯第一次把他的构思写出来的时候,每个人似乎都戴着有色眼镜看待它,都竭力找出证明该方案行不通的理由,因为它太简单了,不需要很多的解释。公司里的人一旦理解

了 PCR 的机制,马上想当然地认为肯定有些什么理由使之无法实施。人人都这么说:"在纸上看起来是不错,但是我得在凝胶上看到一条带。让我们看看你怎样把理论变成实践。"普遍的观点是,虽然我不够聪明,没看出问题的要害所在,但肯定有理由证明这个方法不行。连凯利本人都这么想,要不为什么以前没人想到呢?[26]

概念+现成的技术

1983 年 9 月到 12 月,穆利斯完成了一系列旨在把理论付诸实践的试验,希望利用现成的技术实现 PCR。所以,在第一阶段试验中,他没有进行任何技术性的改进,他所用的试剂要么是商业化产品,要么是西特斯公司内部通用产品,或者是本行业内广泛使用的产品。穆利斯事先几乎没有注意选择实验条件和实验系统。第一阶段做了三个月的实验,根本没有获得令人满意的数据,他才开始注意对整个模型系统进行方法论研究。

在实验室的第 1000 号记录本中,有一段标为"PCR01"号的有关穆利斯 1983 年 9 月 8 日所进行的第一次 PCR 的实验记录。他采取孤注一掷的"撞大运"方式,寄希望于根本不可能出现的奇迹。他选择了人神经生长因子基因作为目标序列,因为基因泰克公司的科学家刚刚发表了该基因的全序列。客观地说,这个系统的成功率肯定很低,因为他不但选择了非常复杂的人体基因组 DNA 作为模板,而且选择了单拷贝基因,一个非常难的目标序列。穆利斯计划通过引物变性和扩延的方法分离该基因中一个长约 400 碱基对的片段,他把两个引物和 4 种脱氧核苷三磷酸一起放到试管中,按照西特斯公司的配方对适宜于 DNA 聚合酶的商用缓冲液系统做了一些调整。他加热了反应体系并在该体系冷却后回了家,希望DNA模板在扩延后会自动分离成单链,与引物杂交,再进一步扩延。12小时后,穆利斯回到实验室,他再次加热了反应体系并加入放射性脱氧胞苷三磷酸(dCTP),希望这些dCTP能被用于新一轮的杂交-扩延反应,从而保证新合成的DNA片段在放射自显影图上表现出来。[27]

穆利斯在午夜时分开始了他的实验:

> 这只是一次试验。……我想,如果每一步都顺利,这个任务将非常容易完成。……我只要将这些东西放到一起,加热,冷却,……回家。我真的这样做了。……我当时确实希望到了晚上的某个时刻,这些寡核苷酸引物就会与靶DNA结合,因而被扩延,反应产物会自动与模板DNA链分离。当其他引物再一次与模板链或新生DNA链结合后,上述反应过程就得到重复,我没有必要变换反应温度或者追加任何试剂。我认为有这种可能性。[28]

但是,根本没有什么大运,凝胶上只有成片条带。PCR01号实验既没有证明也没有推翻关于PCR的所有理论。

穆利斯在同年10月进行了名为"PCR02"号的实验,他沿用了与过去相同的试剂和基本实验程序。不过,他把过去的一步实验法改成了5到10个循环法,分步加热反应液,冷却后再加聚合酶扩延模板。[29]经过多个循环后加入放射性dCTP,重复一个循环以保证新生的DNA链中带有放射性标记。考虑到人基因组DNA的复杂性,穆利斯预先纯化了模板并进行了DNA的酶切"消化"。为了去掉体系中有可能妨碍DNA扩增的其他因素,他再次沉淀了酶切后的DNA样品。穆利斯在实验记录本上简单地写道:"获得了负扩增。"[30]

上述实验的失败当然不能证明PCR概念无效。与其他任何实验科

学家一样,穆利斯坚持认为概念与被他称为"分析程序"的实验操作有着本质的区别。他写道:

> 我从一开始就坚信,在适当条件下,聚合酶链反应一定会成功。我当然不知道什么是"适当条件",也不知道自己所选择的条件是不是发生PCR所必需的。我能做的只是不断改进实验方法和程序,直到扩增反应能够顺利进行。在没有获得确切的DNA扩增结果以前,我完全是在黑暗中摸索。只要有哪怕一丁点儿的扩增,我就能够通过改变部分实验参数的方法迅速优化反应体系。[31]

在此后的两个月内,穆利斯只是断断续续做了些实验,因为他试图集中精力解决一些老问题。例如,他希望找到可以替代DNA印迹杂交的核酸检测法。穆利斯说:"我总是对任何有可能成为新的分析手段的事物感兴趣,到职业生涯的那个时期,我还常常由于冲动而迅速做一些这样的实验。"[32]当年12月,穆利斯开始用不同的限制酶处理DNA模板,希望建立测定高温条件下核苷酸稳定性的标准方法。他设法找到了DNA扩增、放射性标记的核苷酸用量及凝胶检测最佳效果的定量关系。

简化系统

认识到应用人基因组DNA进行PCR扩增实验毫无结果,穆利斯决定简化实验系统。"我对自己说,穆利斯,……你为什么不用比人基因组DNA简单得多的DNA来试试,为什么不试着扩增小一点的DNA片段,看看能否用简单的模板扩增一个比较小的DNA片段。如果成功了,我当然还可以回到扩增400碱基对人基因组DNA这个命题上来,因为扩增一个400碱基对的片段将对我那些持怀疑态度的同事产生巨大的影响。这就是我选择那个系统的理由。现在,我开始意识到这原来是个十分冒进的决策。"[33]从此,穆利斯换了一个众所周知容易得到的克隆载体pBR322质粒DNA作为模板。质粒DNA"是许多细菌株系所拥有的、染色体DNA之外的遗传信息载体。……它是双链、闭合环状的DNA分子"。[34]细菌DNA的扩增,确实要比人DNA容易得多,而且,穆利斯还选择了一个很小的模板DNA片段,在两个分别为11碱基对和13碱基对的引物之间只有25碱基对。除了选择简单基因材料和很小的目标DNA扩增区之外,他进一步缩小了反应体积,所以,改进后的PCR过程中各反应成分的浓度相当高。他把复性温度降低到了32 ℃,又减少了每次所加的聚合酶量,在10次循环后停止了反应。这次,他改用敏感程度远不如放射性示踪物凝胶的凝胶。在实验结束时,尽管穆利斯认为他在凝胶上看到了一条25碱基对长的条带,但他不得不承认这次实验的结果不够显著:"我的结论……是PCR确实产生了一个条带,遗憾的是这个条带太浅了,可能经不起许许多多的批评。我必须继续改进实验设计,直到产物是一条比较深的条带。"[35]

所有人都同意这一点。

为了取得更高的灵敏度,穆利斯试着增加了几个加热和冷却循环,在最后一个循环中他又加入了放射性示踪物(dCTP)。"这一次实验进步很大。虽然还是很难找到我希望的那条带,但我在实验记录本里清楚地写道,'箭头所指处为扩增产物'。"[36]激动不已的穆利斯把当时西特斯公司唯一的专利法律师阿尔·阿吕安(Al Halluin)拽到暗室里,让他检查放射自显影图。"他看了底片……后说,没有对照实验,结果也不很清晰,但是,确实有条带……他祝贺我获得了成功。这让我感动,因为直到那时,从来没有人祝贺我发明了这个方法。"[37]然后,穆利斯就直奔法罗纳的家。只有高中毕业文凭的法罗纳应聘来替代去上大学的穆利斯的女儿,在DNA合成实验室负责一般性的日常事务。聪明、好学、动手能力强的法罗纳,很快就得到了穆利斯的赏识,成为他在门德新诺县别墅的常客。总之,法罗纳成了穆利斯的好朋友,一个可信赖的技术人员和忠实的同事。可想而知,那一晚,穆利斯成了一个道道地地的热情的布道者。

那年圣诞节期间,穆利斯与怀特去夏威夷度假一周,回来后,他重复了PCR实验。因为手头没有标准的25碱基对长的DNA片段,他仍然无法在那个实验中包含正对照。虽然无法证明什么片段被扩增了或被扩增了多少倍,但从凝胶上看,确确实实有什么东西被扩增了。穆利斯写道:

> 虽然有迹象表明,PCR反应可能已经成功了,但是我仍然处在需要进一步加以证实的阶段。PCR的成功对我来说是非常激动的事。……[阿尔]说过,只有拿出进一步的实验数据,确凿证明PCR原理的可行性,我们才能动手申报专利。[38]……在这些实验中,我完全没有做对照实验。……如果我用现在的数据去申请专利,告诉他们我只做了这么多实验,PCR仅仅是这么一回事,我会感到自己是个傻瓜。[39]

受上述实验结果的鼓舞,穆利斯变得胆子大一些了,他决定放弃只有4300碱基对的pBR322质粒系统,转而采用有50 000碱基对的λ噬菌体(一种细菌病毒)系统做模板。他尝试用另一种限制酶把模板DNA降解到2000碱基对左右,没有获得成功。为了降低放射性^{32}P的本底,得到更清晰的DNA条带,他反复进行了许多试验,例如,他采用了不同的循环次数,采用了不同的复性温度,还采用了高比活性的放射性dCTP,等等。[40]

法罗纳和另外一两个技术员可能在这个阶段看到了穆利斯所从事工作的重大意义,或者仅仅出于同情心,而开始帮助他做些实验。虽然穆利斯已经积累了相当数量的实验数据和为数不少的有关实验参数修正的第一手资料,但当时,他仍然无法拿出经得起常规科学论证的数据,向世人宣告PCR已经成功了。他所提供的数据只能证明试管中发生了一些DNA合成反应。

1984年1月初,穆利斯再次更换了模板DNA。他推测,按要求设计的模板DNA可能会有助于扩增反应的顺利进行。[41]于是,他决定放弃λ噬菌体系统,改用一个由他自己的实验室合成的100碱基对长的寡核苷酸做模板。在那以后的几个月内,他集中精力试图克服β珠蛋白等位基因诊断试剂盒中的问题,结果令人失望。

1984年春天,大约在穆利斯发明有关PCR实验构想的一年之后,他开始尝试用PCR方法对厄利克实验室长期从事的人β珠蛋白基因中58碱基对长的那段与镰状细胞突变有关的DNA片段进行研究。到当年6月,穆利斯认为,他有了令人满意的结果,他成功地扩增了那个DNA片段。在他起草的总结自己1983年6月到1984年6月一年内主要工作的报告中,他写道:

> 这项技术,包括应用DNA聚合酶和合适的模板,同时从两端扩延寡核苷酸引物,能够拷贝产生无限大量的任何核酸序列,不论是单链DNA、双链DNA,还是RNA。我们正在申请专利,相信肯定会在诊断试剂盒、克隆和DNA合成等许多方面发挥重要作用。这项技术首先成功地扩增了pBR322 DNA中一个25碱基对长的片段,现在,它又被用于从人DNA中扩增β珠蛋白基因的不同区域。大量实验参数,包括聚合酶的选择等,尚有待不断修正和优化。由于我的其他职责,这项工作进展很慢。[42]

事实最终证明,穆利斯是对的。

人事正常化:西特斯公司科技会议,1984年6月

1984年6月,西特斯公司在加利福尼亚蒙特雷举行了一次科技年会,其目的不仅是为公司的科学家提供报告工作进展的机会,促进科学家之间相互学习和交流,从中获取新的营养,也是为了发挥公司科技顾问团的作用。在科技年会前几个星期内,穆利斯的情绪很坏,他与一个女同事的关系彻底破裂。那个女人用带有强烈感情色彩的语言,把他们之间已经不可调和的矛盾冲突反复公之于世,弄得穆利斯在公司一天比一天不得人心,一天比一天没有人缘。按惯例,在那次会上,除了口头报告公司主要研究项目——绝大多数是生物制药方面的——之外,还有五六十个墙报。穆利斯也准备了一个墙报,报道了他实验室在提高DNA合成效率方面的进展。这个墙报还报道了用PCR法扩增DNA,即扩增β珠蛋白基因中58碱基对序列。他的墙报基本上没有引起人们的注意,只有莱德伯格(Joshua Lederberg)肯定了他的设想。[43]

那次会议期间,盖尔芬德在他下榻的房间里举行了一次鸡尾酒会。穆利斯开始与一位名为麦格根(Mike McGrogan)的科学家斗智,然后迅速演变成一场相互指责对方是科技蠢材的争吵。为了防止他们的争吵升级,盖尔芬德中止了酒会。但是,穆利斯仍然不肯罢休,他追到麦格根所住房间外的阳台上,两人相互推搡和谩骂。直到凌晨1点钟,刚刚来西特斯工作的斯宁斯基(John Sninsky)不得不强迫两位科学家分开。穆利斯很不情愿地回到了自己的房间,怒气难消,他连续打了几次电话给怀特,责骂怀特是个"傻瓜",因为他明知PCR方法是有效的,却仍然坚持要求穆利斯拿出更多的实验证据来。最后,到了凌晨3点钟,怀特只好打电话给旅馆的警卫,让他们强行带穆利斯去海滩散步,直到天亮再回来。穆利斯总是非常喜欢海滩。

访谈:丹尼尔

丹尼尔(Ellen Daniell)是在蒙特雷科学会议前不久到西特斯来工作的,她原先是加州大学伯克利分校分子生物学系的第一位女教授,但没有在那儿获得终身教授。丹尼尔于1985年成为西特斯公司人事部经理,再以后,1988年她被任命为商业开发部的主任,负责新组建的PCR部。

丹尼尔 我从来没说过因为自己是个女人,所以丢掉了在伯克利的职位。但是,我确实感到,作为一个女人,我不懂,也没人来教我如何去获得事业上的成功。与此同时,我知道有许多我没做但却是获得终身教授所必须做的事,即使有人在那时告诉了我,我相信自己仍然不愿意干。

我只好去其他地方寻找教授职位,或者虽然不去大学教书,但仍然用得上我的学识的职位。那时,我已与盖尔芬德结婚,他对自己的工作感到满意,所以,我从未想过要离开旧金山湾区一带。美国科学基金会同意我把最后一年的研究基金变成薪金,以支持我去其他地方找工作。同时,我已经用自己的三个月学术休假,转入植物分子生物学研究。在1983—1984年,为了尽快进入新的研究领域,我去伯克利遗传学系进修植物分子生物学,所以,我有一年多的时间来决定今后到底想干些什么。一次,我曾有机会作为合作项目负责人申请一项研究基金,但是,我发现自己再也不愿花时间规划5年后做什么科学研究了,我只希望用自己的学识来做些尚不为人知的、与我以前所做的工作完全不同的事情。

就在那时,西特斯宣布要招聘一名高级科技人事主管,负责筛选应聘于公司的科技人员。我从怀特那里听到了这个消息。由于多年来同西特斯公司的友好交往,我知道设立该职位的原因之一,是公司里的人总认为人事部是一个毫无用处的部门。此外，公司研究开发部的经理们还希望在决定聘用新人时得到人事部门的帮助，所以，获得这个职位以后很有可能成为研究开发部的项目经理。我是1984年6月初被正式聘用的，正好赶上参加蒙特雷科技会议。

我对去西特斯工作感到有点紧张。戴维是公司最早的100个雇员之一，已经成了公司的重要人物，几乎无人不知。我担心一旦自己去了那儿，可能会被人定义为戴维的妻子。幸好无论是我去公司的第一年还是以后的时光，从来没人怀疑我是走后门进来的。我感到，公司的人相信我是依靠自己的实力得到这个职位的。

我虽然被聘为负责招募新雇员的科技人事主管，但是，处理诸如雇员之间的关系这一类事情很快就落到了我头上，因为我有科学背景，雇员们认定我能理解他们的问题。一年以后，公司就提升我为人事主管。几乎是在我被提升的同一天，我的顶头上司人事部主任，辞职去了一家新公司。我知道至少有一个科学家给法尔兹总裁写信说："丹尼尔是一个非常好的主任助理，为什么你不直接提升她担任人事部主任？"为了使我得到这个职位，汤姆进行大力斡旋。所以，在当上西特斯公司高级科技人事主管后一年零几个月，我就成了公司人事部的主任。人事部是公司的一个二级机构，我们面对的挑战是如何办好人事部门，以适应公司发展的需要。这也是我愿意干下去的理由。

拉比诺　那时，公司内部雇员之间的关系怎样呢？

丹尼尔　我想，妇女们受到了良好的照顾，从总体上来说，她们是受尊重的。像普赖斯、怀特、盖尔芬德和厄利克等人，这些公司研究开发部的顶尖人物，他们都是在宣扬男女平等、主张尊重妇女人格的时代成长起来的。在他们度过学生时代的、实行了男女同校的大学里，有为数不少的女学生。

当然，也有例外，有一个妇女就为自己所在实验室的同事们经常讲一些冒犯她的笑话而感到受骚扰，要求调换实验室。对她来说，向人事部门控告这类事情并不容易，因为一旦她这样做了，她就得离开原来的实验室，因为我们会与伤害她的人谈话。把那个妇女调出来，让她的男同事们知道，他们的所作所为如何影响了他人的工作与生活，这些都要靠谈判得到解决。她在新岗位上干得很好，以后也不再发生这样的事。尽管我不会说西特斯公司里不存在性别歧视问题，我至少可以负责地说，即使有，也不会很多，而且不会受到宽恕。与大学里的情况相比，性别歧视现象在公司里要好得多。

至于少数族裔问题，在西特斯公司研究开发部的雇员中，有为数很少但却非常能干的非洲血统美国人。那时，生物学出身的非洲血统美国人很少。相反，无论在整个生物学界还是在西特斯公司，都有大量的亚裔。

那时，均等机会委员会刚刚发布行政命令，强调全国各种机构都要提出消除性别和种族歧视的行动计划。我们在调查了各个工种候选对象大致人数（技术人员类只调查本地情况，博士级科学家在全国范围内调查）的基础上，也提出了面向妇女和少数族裔的招聘计划。我们从各种机构获得了大量有关数字，试图从中发现公司在哪些地方尚有欠缺，在哪些地方还需要采取些补救措施。

我们得以成功地招聘各类人才的主要原因，同时也是公司科学家所最为自豪的、最愿意传达给新员工的一件事，居然是公司科学家的合作精神比绝大多数大学要好。公司基本上按照业绩来提拔、任用或评价员工，相信成就与能力比学位证书更重要。在西特斯，一个具有本科学历的人也可能被提拔到重要岗位上，这在大学里根本不可能做到。我认为，这项政策是普赖斯和怀特确立起来的，当然，法尔兹没有反对。

人事危机

蒙特雷事件后几周内,西特斯的资深科学家没有争论PCR可能具有的潜在市场,而是争论是否要开除穆利斯。决策人物当然是怀特和普赖斯。怀特衡量一个科学家有三条准则:创造性,产出率,以及作为一般成员在多学科交叉项目组中有效工作的能力。要想在公司生存,一个科学家至少应该达到上述三项中的两项。怀特解释说:

> 现在来谈谈穆利斯——有创造性,是的。但是,到现在为止,他的想法几乎没有实现。所以,在这点上其实他并不比公司的任何一个人强。……此外,穆利斯在公司制造混乱,与他实验室的雇员发生性关系,威胁跟他女朋友约会的同事,拿枪威胁他们,用拳头对付他们。有一天晚上,他没有带自己的证件,警卫人员不让他进大楼,他甚至威胁警卫。一个接一个的问题发生在他身上。除了提出些与自己的本行无关的、业内人士又认为几乎不可能实现的歪主意之外,他还有些什么呢? [44]

普赖斯和怀特一起找法尔兹开会,研究穆利斯的问题。他们有三种选择:立即开除穆利斯;把他从DNA合成实验室调走,重新安排工作;给他一个机会去证实自己的想法。公司的其他科学家都在向怀特和普赖斯施加压力,要求开除穆利斯,他的行为引起了众怒,大家都不饶恕他,不愿意看到他留下来。怀特决定,尽管穆利斯有很多问题,但PCR的巨大前景使我们不能停下来。他免去了穆利斯DNA合成实验室主任的职务,限他在一定时间内把PCR这个课题做好。普赖斯相信怀特的决断,他和法尔兹都同意这样做。公司给穆利斯一年时间开发PCR,他必须在半年时递交工作进展报告。穆利斯和西特斯公司的其他科学家都不赞成这个决定。怀特完全可以开除穆利斯。如果他被开除了,西特斯还能继续开发PCR,因为它的前景已经开始明朗化了。不管怎么说,从法律的角度看,PCR是属于西特斯公司的。不过,只要穆利斯被开除,西特斯也有可能把PCR这个项目停下来。原因很简单,每个人手头都有一大堆非常紧迫的课题要做,而当时的宗旨是集中课题。

怀特为穆利斯制订了明确的目标和工作时间表,让他自己找一个上司。由于怀特本人拒绝继续直接领导穆利斯,后者只能向新上任的人类遗传部主任安海姆求助。因此,穆利斯正式从化学部调到了人类遗传部。[45]怀特指出:

> 到1984年6月为止,我并没有真正相信PCR法会成功,我只是想万一成功了,PCR可能会是一个非常重要的方法。我想要一份有关PCR的书面介绍,还想知道穆利斯到底会在今后6个月内做些什么样的实验。事实上,他给了我一份可以同时被用作实验计划和发明简介的东西,我拿给厄利克看后他写下了自己的看法。亨利在1984年7—8月间提出了衡量PCR的最确切的准则,它成为评估PCR法的现实性和可操作性的第一份文件。

> 最根本的一点是,从1984年6月到8、9月的那段时间,根据对现有数据的分析,我、厄利克和安海姆都没想到PCR会成功。这与凯利的想法完全不同,他认为到1984年6月,PCR法已经成功了。我们则坚持让他把所有的对照实验和其他该做的实验全做完,因为我们相信,如果这些数据说服不了我们这些人,那就更说服不了任何一份学术刊物的审稿人。

> 那时,穆利斯正在积极努力设法使PCR技术走向成熟。穆利斯几乎没有真正的生物化学和分子生物学知识,因此,我们试图帮助他掌握DNA印迹、序列测定和其他能够从分子生物学的角度证明PCR优越性的实验技术。安海姆和厄利克确

实对PCR技术感兴趣,加上兼管穆利斯的工作,所以,他们十分关注穆利斯的进展。[46]

利文森接替穆利斯当上了DNA合成实验室的主任,他直言不讳地指出:

刚开始时,大家的反应基本上是:到底为什么要生产这么多的DNA?由于灵敏度问题,也由于它离不开价格昂贵、处理程序复杂而且有较大危害性的放射性同位素标记技术,DNA探针并未受到广泛的应用。那时,我们关于DNA探针的看法是很狭隘的,我们认为这个市场不会很大,因为事实上并没有多少种疾病需要进行分子追踪实验。此外,我们也不认为PCR的应用领域有多宽,可能在需要对某些有诊断意义的DNA进行序列测定时用得上。生物技术中最大的经费在抗癌药物方面。DNA探针技术,最多不过像单克隆抗体技术,不可能对世界产生多大的影响!

我到现在还想不通,为什么只有这么几个人对PCR技术感兴趣。毫无疑问,穆利斯是坚信PCR具有光明前景的少数几个人之一。事后看来,真有点不可思议。如果西特斯当时切断财源,明确说:"我们再不愿意听到任何关于PCR的消息了,你必须彻底放弃PCR,否则就开除你。"我想,穆利斯是不会放弃的。他对自己的想法深信不疑,如果有必要,他会去其他地方把PCR搞出来。[47]

◇ 第四章

从概念到工具

到1984年初,厄利克、才木及其同事将"寡聚体限制性内切法"(简称OR法)成功地应用于人DNA研究,他们在学术刊物上发表了有关该方法的论文,并且在1987年获得了有关该方法的专利。当然,厄利克和才木心里非常清楚,OR法并不是里程碑式的发明创造。厄利克指出:"在我看来,我们并没有真正找到一个能被用于医学诊断的简单易行的方法。……因为OR法仍然沿用了放射性标记,……而且这个方法的灵敏度太低,进行OR法检测[所需的DNA总量]超过了现实生活中的采样标准。"[1]不管怎么说,OR法仍然非常有用,它提供了包括从试剂、试验条件到酶功能等一整套操作方法与技术,积累了大量对开发诊断试剂盒有战略意义的经验。通过研究OR法,还进一步推动了各实验室之间有效的合作。

在PCR那条战线上,1983年秋利用学术休假的机会从纽约州立大学石溪分校来西特斯公司进修的安海姆,承担了领导穆利斯的任务。安海姆来自石溪分校生化系,是第一个到西特斯来做研修的终身教授,除了自己长期从事的非常"深奥"的复杂基因"家族"的进化研究之外,他希望做点有应用前景的工作。[2]安海姆说,如果换了在他读研究生的60年代,根本不可能设想一个教授会与产业界发生联系。到了80年代初,轻视产业界的立场有了明显的好转。[3]

安海姆到公司后，最早只是走走看看，对西特斯的主要研究项目作些了解。例如，他去麦考密克(Frank McCormick)实验室做了一些有关 ras 基因(一种癌基因)的研究，试图发现各种 ras 突变体的特异性抗体。他又去厄利克实验室做了一段时间的 HLA(人类白细胞抗原)遗传学研究，还做了些诊断试剂盒的技术工作。为了学习凝胶电泳技术，他到西特斯的第一个星期就去拜访了穆利斯的实验室。穆利斯十分热情地向安海姆介绍了有关应用非 PCR 技术区分正常 β 珠蛋白基因与突变等位基因的策略。安海姆记得自己当时对穆利斯的方法表示怀疑，但是赞赏他敢想敢干的精神和工作热情。[4]

安海姆对厄利克和才木用 OR 法鉴定 β 珠蛋白基因突变的实验进展表示了相当的兴趣，该方法看起来是明显的技术进步，因为与 DNA 印迹法相比，它更方便、更快速。对产前诊断来说，时间是非常宝贵的，而绕开 DNA 印迹法，可节省几个星期！厄利克和才木的方法，尽管看起来挺不错，却仍然没有解决由于探针和模板非特异性退火所带来的本底问题。安海姆建议使用一种"阻断"寡核苷酸，他认为，在探针与模板特异性结合之后，不应急于加入限制酶，可考虑先加入一些能够"阻断"探针分子与模板 DNA 中的 β 珠蛋白基因非特异性结合的寡核苷酸。很简单，安海姆希望用过量的"阻断寡核苷酸"把那些能在体系中自由漂移的探针都去掉，仅保留与特定遗传位点的 DNA 相结合的探针。此时再加入限制酶，就能释放出很小的，放射性标记的寡核苷酸或二核苷酸、三核苷酸，可用薄层层析法加以鉴定。实验证明，安海姆的想法是正确的。不过，要想较好地克服"本底"问题，就需要投入大量的基因组 DNA。至此，缺少基因组 DNA 这个老问题又摆到了桌面上，转了一大圈，供不应求问题还是没有解决。

在 1983—1984 年，安海姆与穆利斯基本上没有什么接触。随着时间的推移，安海姆开始认同公司内部对穆利斯较为普遍的看法：他是一个思路活跃,但不讲究实验依据的人。1984年初夏,安海姆回到石溪分校,考虑并最终接受了西特斯公司的邀请,赴公司担任人类遗传部主任一职。那年夏末,他回到西特斯的第一天,怀特就向他简述了穆利斯关于PCR的构思,这是安海姆第一次完整而系统地听到PCR的原理。怀特解释说,尽管在他看来,穆利斯并没有取得实质性进展,公司仍决定继续研究开发PCR,他对穆利斯提出的扩增目标DNA、提高检测灵敏度的策略特别感兴趣。他告诉安海姆,就诊断试剂盒的灵敏度来说,如果能使目标DNA增加10倍或50倍,那将是一个质的飞跃。

那年夏天,安海姆隐约听到有人议论穆利斯的方法,他们说:"除了穆利斯本人,没人会相信他的数据……证明了他所提出的理论。"怀特则进一步指出:"让任何一个独立的科学家来检查现在的数据,他都会得出上述结论。"[5]怀特认为,安海姆和厄利克可能是西特斯公司内能够帮助穆利斯把概念变成实验数据或者找出他设计中被忽视的根本性缺陷的最合适人选。所以,怀特请安海姆以人类遗传部主任的身份,正式担负起监督穆利斯的责任,尽管穆利斯在正式场合仍然属于化学部。安海姆与穆利斯和法罗纳分别谈了话,对他们的数据仍然表示怀疑,建议他们用DNA印迹法证明实验产生的许多条带中确有特异扩增的条带。安海姆记得,穆利斯对他的建议反应十分冷淡。在穆利斯看来,安海姆要求过分了,是对他工作的不信任。所以,他事实上拒绝合作。

对怀特来说,他需要用独立的分析方法去证实凝胶上的条带确实是实验设计的条带,要搞清楚被扩增的物质到底是**什么东西**。他不关心那样做是否要用到DNA印迹法、序列测定法、OR法,或者其他任何独立的、已为科学界所公认的方法,他只关心结果的可靠性。因为刚开始时,西特斯公司认为,PCR的商业应用价值主要体现在诊断试剂盒方面,所以,怀特坚持要求用人基因组DNA做模板。安海姆则说要采用所谓的"金标准",即从1微克人DNA中扩增某个单拷贝基因。他们很自然地选择了西特斯公司内研究最为透彻的实验系统β珠蛋白系统。根据怀特的建议,厄利克和安海姆组建了"PCR组",主要科学家和技术人员都来自厄利克实验室。PCR组的日常工作由厄利克和安海姆共同负责,每周五下午开一次碰头会。安海姆和厄利克(也包括其他人)都对周五下午例会,至少对第一年内的会议,有着良好的印象。PCR组的成员不但互相交流实验数据,而且乐意听取建设性的批评意见,寻求并提出各种旨在早日完成任务的实验策略。对安海姆来说,这是他科学生涯中第一次率领一个大组进行目标明确而又令人激动的科学研究,他认为,每周五下午的情况交流非常有帮助。他说,因为许多实验的构思都来自周五下午例会,所以,PCR的发明完全离不开集体的智慧。穆利斯和法罗纳当然被邀请参加这个例会,至少其中的一个经常到会,也有时两人一起来。尽管穆利斯十分反对建立PCR组,他与公司其他科学家之间的紧张关系却在软化。从1984年夏到1985年晚春的第一年间,总体人际关系是和睦的,有建设性的。

使PCR运行:一个需要高(技巧)技术的使命

1984年10月底,怀特同意给PCR组增加一名技术人员。他们选中了沙夫,因为他熟练掌握了进行DNA印迹法的技术和技巧。同时,他还是穆利斯的朋友。一共有3名"技术"人员在开发PCR的关键时期发挥了重要作用——法罗纳、才木和沙夫。他们的职业和人生轨迹为我们展示了一幅反差极大的画面。这三人都不是博士。法罗纳,毫无疑问是处于科学等级底层的科研人员。他在这个阶段同所有参与PCR相关实验的科学家和技术人员都保持了良好的关系。因为他的级别低,脾性也较和善,故能自由地从各个实验室获得试验材料,听到不成熟的实验结果和各种新思想,而不用担心会引起人们的猜忌。在西特斯的科研人员看来,法罗纳仅仅是运送试剂和放射自显影图、传达有关穆利斯工作进展情况,以及把PCR组其他人的进展反馈给穆利斯的信使,没有必要硬性把他划归哪个阵营。唯有穆利斯毁誉交加。才木已经远远离开了公司的最低层,他能在很大程度上决定自己该干什么,公司上下也都尊重他。沙夫的地位介于法罗纳与才木之间。每一个与他有工作关系的人都称赞他的技术能力,对他在实验室的表现感到放心。但是,他的待遇远不如才木,公司看起来并不承认沙夫的科研水平和能力,不愿把他提升到相应位置,让他享受一定的独立性和较优厚的薪金。那时,沙夫曾对这种他认为故意忽视他的工作成就的态度公开表示失望。例如,沙夫没有被邀请参加那次名声不怎么好的蒙特雷会议,他说:

> 那时,我是公司的初级研究人员,公司仅允许三级以上的研究人员参加这一类会议。在我看来,那是一个很愚蠢的决定,……因为初级研究人员其实就是高级技术员,主要的研究工作都是由他们进行的。不让这些人出席旨在交流事实上由他们完成的研究工作的会议,岂不荒唐?而公司那伙人正是这样干的。我曾公开要求出席那类会议。[6]

当然,PCR其实也不在那儿,被降级到墙报中的一部分,几乎完全被大人物、大课题掩盖了。

到1984年夏,人们关于β珠蛋白的知识已经相当丰富了。但是,如何让OR法发挥作用,仍然存在一个问题:信噪比太差。到了秋天,沙夫把全部精力都投入到β珠蛋白-PCR项目上。在这些实验中,他使用了野生型和突变型细胞系,保证一个DNA样品中含有镰状细胞基因,另一个样品则含有正常的基因。沙夫的实验存在着专一性问题:PCR看起来同时扩增了正常等位基因及具有镰状细胞突变体的基因片段。对于这种令人不解的结果,有几种解释。有人认为,野生型和突变体的DNA样品中同时出现扩增条带,可能与上样时不小心有关。采取措施增大上样孔之间的距离看起来有些效果,但仍然不理想。只有进行大量费时的、系统性的实验验证,才有可能找出产生异常现象的原因。沙夫记得,在获得了一系列合理的实验结果后,突然有一次,全部电泳泳道,包括没有上样的对照泳道,都产生了强烈的信号。他说:"那种感觉太惨了。"[7]虽然已经获得了明显的PCR扩增产物和DNA印迹杂交信号,但是当时面临的主要问题是产物和杂交信号太多,而且它们总是不出现在正确的位置上。

1984年11月15日,沙夫相信自己真的获得了具有决定性意义的实验数据,他在自己的实验记录本中写道:"成功了!"实验记录中清楚地表明,PCR扩增得到了分子量与期望值完全相符合的产物。至此,PCR奏效已经确凿无疑,扩增的专一性得到了证实。从穆利斯第一次惊叹"我找到了!"到现在,整整20个月的实验才赢得了这一胜利的时刻。

> 一看到那张X光片,我就知道PCR成功了。一看到那个杂交信号,我就激动万分。……我心里非常明白,这是一个具有重大意义的实验结果。……它使我想到了那个在1957年发明激光的研究生。政府马上来干预了,他们拿走了他的全部实验记录本,停止了他的工作。因为他在笔记本中写道,激光不但能被用于钢板穿孔,还可能被用来产生核聚变等一系列更为重要的反应。这就是说,他早在孕育激光实验之初,就已经看到了激光的应用前景。当我看到那张X光片时,我对自己说,这下我们可以做各种各样的实验了。PCR可以简化克隆步骤,可以消除反应本底,强化杂交信号,还可能把X光片的曝光时间从一个星期减少到一个晚上。大量DNA的合成,还能使实验室的样品处理变得较为容易。总之,这是一件大事。我记得,当我把PCR反应产物离心沉淀下来后,瞅着它

激动地大叫起来:上帝呀,有这么多DNA! 我告诉了亨利,他
却说:"你不可能看到DNA,这是个单拷贝基因。"事实上,β珠
蛋白基因已经被大量扩增,合成了许多DNA。根据DNA印迹
结果来看,扩增片段是专一性的。[8]

那时,厄利克并不怀疑有什么东西被扩增了,但他怀疑沙夫所看到
的沉淀物全是DNA。他想知道沉淀物究竟是什么,扩增反应的专一性
究竟有多好。

无论这些实验结果多么使人兴奋,它们还远没能证明该实验小组
已经获得了PCR日常操作所需要的全部参数。不管怎么说,按设计要
求进行PCR实验,哪怕只有一次,也是重要的进步。至此,穆利斯、法罗
纳和沙夫已经完全确信PCR的可操作性和它广阔的应用前景,厄利克
和安海姆虽然不怀疑PCR可能是扩增DNA强有力的技术,但他们只有
在看到更多与设计相符合的、证明PCR扩增专一性的数据后,才能完全
确信其生命力。在那以后的几个月时间里,他们继续做了许多PCR实
验,有些成功了,另一些则失败了;有些问题被克服了,另一些却仍然存
在。虽然人们对PCR试验结果缺乏一致性感到失望,但并没有觉得这
是一件特别反常的事,因为即使在已经公认的系统中,人们也经常碰到
无法解释的问题。当然,由于PCR-OR法不是一个已经公认的系统,而
且这项工作的目的是要发明一种非常可靠的、可用于商业化诊断试剂
盒的新方法,公司要求把这些问题都解决。整个冬季,技术人员们都忙
于筛选和甄别PCR系统中的变量,寻求可靠的标准化程序。例如,为了
证明循环越多,产物越多,他们进行了一系列循环次数不同的实验。扩
增产物之间似乎存在某种交叉反应,至少此种交叉反应以一定的比率
发生。又如,为了验证PCR产物的专一性,他们进行了一系列DNA印
迹杂交试验,每次减少杂交时间半小时,结果发现延长杂交时间并不能

增大信噪比。再如,他们通过实验发现,把用酶量减少到原先的十分之一,会降低信号强度,同时却提高了产物的专一性。在那几个月里,PCR组保持了稳定的工作节奏,每三四天做一次实验(即一天做PCR,一天做OR和跑胶,一天曝光)。

沙夫这样描写优化PCR实验方法的过程:

> 我想,发明和修正某项特定技术的过程,在许多方面与匠人们学手艺的过程有点像,你花的时间越多,你驾驭这门手艺的能力也就越强。经典的例子是DNA序列测定。第一次做那个实验,绝大多数人都会把胶跑得一塌糊涂,不是缺了条带,就是泳道歪了,或是其他什么毛病。但是,随着你实验次数的增加,你的胶片就会越来越漂亮,直到有一天,你会觉得自己已经是个合格的匠人了,你的胶片随时经得住别人的品头论足。我研究PCR的经历与此十分相似,为了从各个方面优化PCR的条件,我做了大量实验,积了许多宝贵的经验,干起来就越来越得心应手。PCR反应的结果越来越可靠,背景反应消失了,负对照中的信号也消失了,这样那样无法解释的现象也越来越少了。总之,PCR开始在我的手里成熟了,像其他任何技术一样,我能按设想要求获得扩增结果。[9]

从1984年冬到1985年春,研究组一致认为,实验结果令人鼓舞,甚至令人激动,但尚不十分确定。就在这一节骨眼上,安海姆和厄利克决定让公司技艺精湛的实验技术师才木完全投身于PCR组的工作中。事实证明,这是一个非常有眼光的决定,因为有关PCR的第一篇论文中几乎所有的工作都是由才木亲手完成的。到那时,OR法已经完全成功了。这确确实实是一个劳动密集型的实验,因为没有自动化的仪器,实验周期又比较长,而且几乎每一步反应都要求连续监测,不断用手把试管从沸水浴转移到37℃水浴中,复性后加聚合酶,转移到扩延反应的水浴中,扩延一定时间后再转移到沸水浴中变性,然后重复上述循环许多次。沙夫可能是世界上操作这类重复实验次数最多的一个人,看到最终由机器取代了人手,他当然十分高兴。

那么,1985年春天他们取得了什么成果呢?PCR组的研究人员展示了可靠的、定量的实验数据,表明完全可以成十万倍地扩增人基因组DNA中某个目标片段,从而扩增他们想扩增的目标。他们还用放射性同位素定量分析法和OR法证实了PCR扩增产物的精确性。结果表明,DNA不但以指数形式被扩增了,而且扩增是专一性的,也就是说,只有位于两个引物之间的β珠蛋白基因片段被扩增了。因为本实验的目标是利用OR法鉴定专一产物,所以,其他DNA也被扩增不致产生难以克服的问题。总之,该系统的专一性足以满足诊断要求。

公布

1985年春,安海姆、怀特和其他人经常去柯达和史克必成等大公司宣传西特斯的诊断试剂盒技术,因为公司决定卖掉由单克隆抗体和DNA分子探针技术派生出来的分子诊断技术。虽然单克隆抗体技术在那时很热门,但为了向各大公司展示西特斯所拥有技术的广泛性,使这些公司了解西特斯科学家所从事的具备商业应用前景的研究,他们在每次报告中专题讨论DNA扩增技术。此外,为了吸引投资商,鼓励他们参与开发"前沿生物技术",而不仅仅是购买某项特定技术,这些报告中甚至带有部分DNA扩增的细节。安海姆至今还记得,那年春天,他们含糊其词地宣传公司正在进行的"增加目标DNA量"的研究,他说,在某次报告会上,有个他认识的听众提出了一些问题,表明他有可能抓住了PCR概念的核心。于是,怀特、普赖斯、安海姆和厄利克等人开始认识到,如果公司不尽快发表有关PCR的实验结果,他们就有可能在科研和商业开发两方面都丧失信誉,因为只要有人在自己的研究论文中加一小段关于PCR的话,他(或她)就可能抢先获得优先权。公司不得不严肃考虑这方面的风险。所以,他们在1985年3月28日申请了有关PCR的第一个专利。[10]

上述系列报告会的重要成果之一,是西特斯与珀金埃尔默公司在1985年12月签署了合作研究协议,联合开发有关生物医药方面的科研仪器和试剂。尽管PCR并不是协议中最初规定的内容之一,但该研究在随后两年中的爆炸性进展,导致了PCR仪和相关试剂的生产很快成为合作研究的中心议题,并在商业上获得了巨大成功。[11]

1985年3月或4月——在穆利斯第一次"看见"PCR两年后——安海姆收到了定于那年10月召开的美国人类遗传学会年会组委会寄来的论文摘要格式单。会议规定,提交论文摘要的截止日期是6月30日。研究开发部领导层经过多次非正式讨论后达成共识,认为即将召开的会议可能是将PCR用于人遗传病诊断和治疗的一个契机。当年5月,怀特、厄利克、安海姆和穆利斯等人在普赖斯的办公室开会讨论有关PCR论文进展的时间表。除穆利斯之外,大家都同意递交会议论文摘要,并在会后正式发表该论文。他们还同意,在会议的15分钟分组报告中,不公布涉及PCR实验条件的技术细节,而只讨论结果,并归纳和刻画该方法的重要性。怀特写道:

> 到了那年春天,仅仅通过口头交谈,亨利所在的那个研究部和一些相关课题组已经清楚地知道了PCR研究的实际情况。公司内部可能还有25位科学家听说了有关PCR的部分数据,但并不相信这一切。……厄利克、我以及专利律师都认为公司应该公开发表这个方法,而公司商业方面的领导却认为应该保守秘密。那时,我们正与柯达公司讨论是否在诊断

试剂研究方面建立长期合作关系。如果公开发表研究论文，那就等于把该方法置于公共领域，柯达公司肯定不愿意——他们希望享有专有权。我们则坚持，不论公开与否，西特斯公司拥有PCR的专有权，而永久保守如此重大的技术秘密是不可能的，更何况与柯达公司的合作协议还不一定成功。因此，从6月开始，就是否公开发表有关PCR的工作，公司内部产生了激烈的争论。穆利斯不愿意公开发表这项工作，我认为他仅仅想推迟些时间再发表。[12]

从那时起，经常在公司听到有人攻击对方故意拖延，而另一方认为那些人走得太快了，两者都不合时宜。

当时计划写两篇论文，一篇有关PCR理论，另一篇则集中于PCR的应用。研究小组一致同意，穆利斯应当结合他在pBR322质粒上的工作，将PCR基础理论及基本概念整理成文，而有关PCR应用的论文，主要是β珠蛋白基因的PCR扩增，将在PCR理论的文章发表后送审。在安海姆和怀特看来，穆利斯早就拥有，至少是基本拥有足以让任何审稿人信服的数据来证明PCR理论的正确性，也就是说，他能证明自己所扩增的是质粒DNA中一个特定的、可鉴别的片段。因此，他们还认为，穆利斯完全可能在当年10月的遗传学年会上递交一篇有关PCR基本概念的论文（如果有可能的话，论文的初稿最好已经被某个杂志所接受）。他的文章应该最早发表，然后才是其他人的文章。

穆利斯完全不赞成上述计划。刚开始，他坚持认为应该把PCR作为一个商业秘密，不发表任何文章。怀特记得，穆利斯曾提议让公司出售预先装有各种试剂的小管（试剂的成分是保密的），使用者只要加入模板DNA就能进行PCR。他说，当人们在PCR反应结束时看到有如此大量的DNA被合成，一定会感到非常惊讶。[13]怀特认为，有许多理由证明穆利斯出了个馊主意,因为首先,其他实验室或公司完全可以不太费力地采用反向分解的方法,测定试剂盒中的每一个成分。其次,在西特斯工作的其他科学家已经开始演绎PCR法,并将其应用于不同的实验中,将来他们发表文章时免不了要在"实验方法"那一节中报道实验条件。再次,西特斯已在当年3月申请了发明专利,根据规定,发明人必须在申报专利后最晚不超过18个月内公布专利内容。到最后,每一个人,包括穆利斯,都同意向遗传学年会递交报告摘要。由于厄利克手头还有其他工作,公司决定让安海姆单独(而不是由他和厄利克联手)写有关PCR应用的论文。

当年7月,穆利斯与安海姆举行了一次有关穆利斯第二年工作计划的很长的但是没有成果的会谈。安海姆说:

> 按规定,凯利必须在年度末向一个五人委员会报告他在过去一年中所做的工作。该委员会由我本人加上我和他各指定的两名科学家所组成。就那么回事。对公司内部其他每年都要进行详细工作汇报的科学家来说,这是最轻松不过的任务了,但穆利斯却认为条件太苛刻了。……他只愿意干他想干的事情,只愿意在他想干的时候干。他不愿任何人告诉他该干什么,该怎么干。他最大的让步是他可以在某次PCR组的例会上报告他的工作进展,他不愿意专题汇报他的PCR工作,他不想干,就这么简单。他认为他为公司作出了很大的贡献,应该被赋予决定自己想干些什么的权力。……他认为……亨利和我是公司派来监督他的警察,我们"偷"了他的成果,我们只会建议做些愚蠢的实验,OR法是失败的方法。他还认为怀特从来就没有给他足够的支持,因而不够朋友。我管不了他,就把他推了出去(我女儿说我把他"抵押"了出

去),让汤姆去处理。[14]

安海姆最后决定去南加州大学生物系做系主任,他于1985年8月离开西特斯,主要不是因为穆利斯,而是因为他发现自己日益陷入了应用性课题,能用于纯理论研究的时间越来越少了。如果他能像厄利克那样,把自己所喜爱的"高贵的"理论研究与西特斯公司的商业目标很好地结合起来,说不定他也会留在公司。去了南加州大学以后,安海姆成了世界上应用PCR法分析单细胞中DNA组成的先驱,虽然他在那以后相当长时间里仍然是西特斯公司的兼职顾问,双方相互的尊重程度却迅速下降,信任与理解也很快消失了。随着时间的推移,公司与安海姆的联系中断了。

高潮:1985年秋

到那年夏末,PCR有些什么新进展呢? 怀特记得:

> 有关PCR的消息像野火一样迅速蔓延。到那时,每个人都相信了PCR的功能,人们已开始把PCR应用于各种不同的实验。我记得穆利斯曾在1985年9月面向整个公司做了一个讲座,那时他已经拥有了令人信服的数据,但他在那个讲座中又提出了一大堆古里古怪的新想法。因为他的讲座总是那样不合常理,不少人都在中途离开了报告厅。穆利斯在事后非常不满地告诉我,尽管他拥有足够的证据,公司的同事还是不愿意听他的报告。我知道凯利在公司外有朋友,其中不少是我们两人共同的朋友,比方说当地的艺术家。有一天,我从一个我们共同的艺术家朋友口中得知,凯利曾在某次晚饭时向他介绍了PCR实验,我大吃一惊,因为我知道,在基因泰克公司、奇龙(Chiron)公司和其他许多地方都有我们共同的朋友,

早晚他会向这些人介绍 PCR 的情况。而且,公司的有些科学
顾问还擅长从科技休假报告会猎取有新意的科技思想,包装
后作为他们自己的理论抢先发表,已经有多起这类事件发生,
他们在文章中闭口不提自己理论的真实来源,所以,我感到我
们这一次也处于危险的境地。[15]

PCR 必须公开。虽然怀特一直关心 PCR 的进展,但他还是把自己
的大部分精力投到公司内经济效益看好的项目上。公平地说,从诞生
的那一刻起,PCR 就被作为一套高效率的工具,一项辅助性技术,而无
论西特斯的科学家还是管理层都没想到他们其实是工具制造者。

那年夏天,为了使其公开发表的数据无懈可击,才木做了一系列
"美学"实验。他被选中去全美遗传学大会上做报告,这是他第一次在
重大学术会议上露面。同样是那个夏天,芒德布罗(Mandelbrot)在《科
学美国人》杂志上发表了一篇关于分形几何学的文章。怀特说:"每天
早晨,穆利斯都会把一大堆与芒德布罗图形有关的精美图片带到公
司——很明显,他花了大量时间玩计算机而不是写论文,那段时间,他
的私生活仍有很大的问题。"[16]怀特规定,穆利斯必须在11月1日前完成
关于 PCR"理论"的文章,那以后,公司再发表关于 PCR"应用"的论文。
只要才木在10月的大会上宣布 PCR 法已经获得成功,出于商业利益和
专利保护的需要,西特斯公司将不得不尽快发表有关 PCR 的论文。

发表:分析与合成

那篇"应用"论文于1985年9月20日送交《科学》杂志,11月15日,
该论文被接受,12月20日发表。《科学》杂志有好几个栏目,长达5页的
PCR 论文被放在最有影响的"研究论文"栏目中发表。该论文的题目
("酶法扩增β珠蛋白基因组序列及限制酶位点分析在镰状细胞贫血诊

断上的应用")和作者排序(才木、沙夫、法罗纳、穆利斯、霍恩、厄利克、安海姆)都非常有意思。论文标题中的连词,强调了当时仍然存在的各个部分,包括穆利斯的PCR概念、OR法实验系统以及西特斯公司商业与研究部门之间的重叠。

该论文在摘要中宣布,应用两种非常快速、灵敏的方法成功地鉴别了镰状细胞贫血。第一种方法称为PCR,"它依靠用引物介导的酶法,从基因组DNA序列中专一性扩增β珠蛋白基因目标序列,结果表明,目标序列以指数形式被扩增了220 000倍"。[17]第二种方法是OR法,它能迅速地鉴别序列中是否存在不同的β珠蛋白等位基因。这两种技术其实出自同一个实验体系,为了同一个目标——遗传病和传染病的诊断。文章毫不含糊地把PCR法归功于穆利斯和法罗纳,并称之为强有力的DNA扩增技术:"重复由变性、复性和模板扩延三步组成的循环,直接导致了位于两个引物之间的110碱基对序列被以指数形式扩增并积累。"[18]文章在第一幅图的图注中虽然点明了PCR的基本要素,但并没有把它作为通用的方法(这一点是全体作者协商同意的)来介绍,而仅仅作为扩增人基因组DNA并最终用OR法鉴别样品中是否存在β珠蛋白等位基因实验体系中的一个组分。

在"PCR-OR系统的诊断应用"这一节里,作者赞美了PCR-OR法所具有的不同凡响的快速(它能在10个小时内完成镰状细胞贫血胎儿产前诊断,而常规方法至少需要"几天"!)、简单(完全取消了进行DNA印迹、转膜等一整套复杂的步骤)和灵敏(即使用部分降解的DNA也没关系)。此外,该方法避免了使用放射性同位素探针。文章在最后明确指出了PCR-OR法的局限性——所研究基因位点的遗传背景必须事先搞清楚,该位点附近一定要具备限制酶位点。所以,文章指出,PCR是一种分析方法。

文章在"结论"部分这样写道:"从基因组DNA中特异性扩增目标DNA片段的事实表明,除了应用于产前胎儿遗传病诊断,PCR法有可能被用于分子生物学其他领域。"[19]这一简洁而低调的结论,使人非常容易想起沃森(Watson)和克里克(Crick)在1953年《自然》杂志上发表的那篇名满天下的论文结尾中关于DNA双螺旋结构的声明:"我们注意到,我们在这里所提出的DNA特异性配对理论,暗示了遗传物质复制的一个可能的机制。"[20]事实证明,两篇文章的预言都是正确的。

合成

当年12月,穆利斯把他的文章投送《自然》杂志。他忘了附上一封给编辑部的信,说明这篇论文与在《科学》杂志上发表的那篇的不同之处。编辑部拒绝发表该论文,他们认为该文缺乏创新性,属于技术革新一类东西。怀特及西特斯每一个与PCR有关的人都被震惊了,他急忙与穆利斯一道写了封给编辑部的信,然后把论文重新投给《科学》杂志。《科学》杂志同样拒绝发表该论文。

穆利斯至今仍然非常抱怨PCR技术的发表历程,他坚持认为有人窃取了发明PCR的功劳。穆利斯把安海姆和厄利克作为这一据说的恶行中负主要责任的首恶,把才木和怀特看成从犯。[21]他说:

> 我把论文寄给《自然》杂志,并告诉他们《科学》杂志将会刊出一篇相关的论文。《自然》杂志要求看那篇《科学》杂志论文。当时,将在《科学》上发表的论文已作过多次修改,而每经过一次修改,诺曼都会加入更多关于PCR的技术细节,看起来好像他们自己早就发明了这一技术,而不仅仅是应用了其他人所发明的技术。诺曼负责的那篇文章其实应该是关于OR法的,文章只是应用了DNA扩增技术,它完全不应该是关于

PCR 的论文。到《科学》杂志同意接受的时候,他们那篇文章的三分之二都是有关 PCR 的。

　　《自然》杂志没有给我打电话,因为我并不是他们的老朋友之一。……《科学》杂志也拒绝了我。……他们认为这仅仅是一篇技术性的文章,缺乏新意。……那件事像是个做好的圈套,把我彻底套了进去。我对自己说:"天哪! 厄利克、安海姆和才木用一个小计谋夺走了我的科研成果。"他们的文章就要发表了。[22]

　　上述情况同样使公司内主管研究开发工作的高级负责人感到失望,为了尽快改正错误现状,他们开始寻找能够迅速发表穆利斯关于 PCR 原理论文的杂志。张成提议把穆利斯这篇两度遭拒绝的论文送到《酶学方法》(*Methods in Enzymalogy*)去发表,因为该杂志虽然没有像《科学》和《自然》杂志那样大的名气,却是十分受人尊重的"方法"杂志。而且,该杂志的主编吴瑞是他的好朋友,很可能愿意帮忙。怀特与吴瑞讨论后,决定尽快送审该论文。《酶学方法》杂志果然在1985年5月接受该论文。并同意在1986年初发表。但是,一连串完全反常的事件,使得出版载有穆利斯和法罗纳论文的那一期推迟了将近一年! 因此,预想中第一篇关于 PCR 的理论文章,署名凯利·B.穆利斯和弗雷德·A.法罗纳,题为"用聚合酶催化链反应进行体外 DNA 特异性扩增",被推迟到1987年才正式发表。到了那时,该论文的主要信息已经差不多人人皆知了。在西特斯公司内外,通过非正式途径和日益增加的亲身实践者,到处都在传播有关 PCR 的概念、关键技术要点、可能的应用领域及进一步改造 PCR 的设想。

　　几乎与吴瑞考虑发表该论文同一时间,西特斯公司的麦考密克与冷泉港实验室的沃森取得了联系,他强烈推荐让穆利斯去定于1986年

5月举行的"人类分子生物学"专题讨论会上作关于PCR的报告。沃森同意了。穆利斯非常重视在冷泉港的报告,这是他在个人简历中列出的第一个"邀请报告"。他说:"我……改变了自己作报告的风格,以保证它不再单调乏味。我很容易就抓住了听众并告诉他们,PCR肯定会成为一件大事。……此次报告会的反应非常热烈,许多人都想知道究竟怎样才能扩增DNA,到处都是热衷于学习PCR的人。"[23]这次报告会在一个主要科研领域内公开奠定了穆利斯作为PCR创始人的地位。会议论文集——刊登有第一篇以穆利斯为第一作者的有关PCR的论文——出版于1986年下半年,是分子生物学系列报告会丛书中的一卷。那篇冷泉港文章,虽然名气不小,却并没有被认同为"最早的"的论文,也没有受到想象中的全国同行的关注。因为后来从事PCR研究的科学家,大多从没读过那篇由穆利斯、法罗纳、沙夫、才木、霍恩和厄利克等人署名的,题为"聚合酶链反应,一个体外特异性扩增DNA的酶学新方法"的论文。作者们在那篇论文中清晰地介绍了PCR的概念,应用中的基本变化方式和充分展示其强大生命力的原始实验数据,探讨了它广泛的应用前景。[24]

那篇冷泉港论文的形式和内容,关于穆利斯该在哪个部分写什么内容、写到何种深度等,都经过公司内部大量的讨论和协商,主要包括:关于优先权的考虑(为了保证他自己那篇论文具有创新性,穆利斯的部分实验数据没有写进去),对专利保护的考虑(如在"PCR的变化"中应写入多少像"使用带有启动子序列的引物进行扩增"一类新想法),以及是否公开前景看好但未经试验证实的工作(如关于热稳定 *Taq* 酶的研究进展)等几个方面。内部协商一致推举穆利斯为第一作者,负责论文的第一部分。他用大胆的语气指出,PCR是一项有着令人难以置信的、强大的合成DNA能力的技术。才木和厄利克负责第二部分的写作,他们主要描述了应用PCR进行基因组DNA序列变异分析的过程和最早的PCR实验。

穆利斯认为,PCR法其实是一系列有关DNA合成技术进步的高潮。他一直追溯到70年代初所发现的用于分离特定分子量天然DNA片段的限制酶,认为这些酶的发现保证了在1973年完成第一个分子克隆实验。穆利斯强调,在现有技术条件下进行DNA的从头合成,即使采用全自动的仪器,仍然有技术上的困难。"最重要的一点在于,全部现有方法都不可能有目的地合成一段完全未知的DNA。"只要人们无法合成未知DNA片段,那么,DNA的分析永远先于DNA的合成。PCR为我们提供了倒转那个顺序的工具,因为它提供了:

> 合成特定DNA片段的新方法。……PCR法的应用范围很广,完全没有必要为了合成某个DNA片段,而在序列中插入特定限制酶位点。PCR法还有一个明显的优点,即无论其反应产物还是其中间产物,都能在后续阶段被很方便地再度扩增,直到获得所需的总量为止。[25]

毫无疑问,上述特点把PCR同以前提出的任何用途完全区分开了。有了PCR,DNA的合成再也不受自然界的生物学限制了,它把稀有变成了丰富。

准确性:找到更好的聚合酶

至此,只剩下一个主要障碍继续制约着PCR成为分子生物学中的常用工具,那就是如何找到一个更有效、更专一的聚合酶。以下文字,记载了水生栖热菌 *YT1* DNA聚合酶(简称 *Taq* 酶)的鉴定、纯化和在PCR系统中的应用过程。我们同样提供两个版本,第一种说法是根据西特斯公司资深科学家的回忆整理的,第二种说法是根据穆利斯的意见修改的。[26]穆利斯在1985年春天首次提出,应该用能够忍受PCR过程中DNA变性时的高温且不会活性丧失的热稳定聚合酶。事实上,第一台自动PCR仪的诞生,成为寻找热稳定聚合酶的动力。那台被命名为"循环先生"的机器,先把含有样品的试管加热到95 ℃,使DNA变性,然后自动冷却试管到37 ℃,使引物复性,并开始聚合作用。[27]该样机尽管十分原始,自动循环的实现却节省了大量的劳动力——因为再不需要专人不断把装有样品的试管从这个水浴转移到那个水浴,以实现DNA的扩增。

克列诺片段

　　大肠杆菌聚合酶Ⅰ的所谓克列诺片段,约为整个DNA聚合酶的三分之二,其所以成为PCR中的首选聚合酶,主要是因为人们对它了解较多,是商业化产品。科恩伯格(以及他的儿子)为从科学上阐明该酶的性质做了大量工作。现已查明,部分最基本的、曾经被当作最新知识的关于大肠杆菌聚合酶Ⅰ的结论是错误的。大肠杆菌至少含有三种聚合酶,而聚合酶Ⅰ专司DNA聚合酶的损伤修复而不是基因组复制。[28]聚合酶的科学研究史与生物技术没有什么关系,因为大肠杆菌是现代遗传学选择的模式生物,对该酶的研究就较为深入,也较早实现了商业化。开始生产聚合酶Ⅰ大片段,完全是为了供应不同的市场,其实验系统、技术要求和目标都远没有达到PCR所需的那种规模,所以,当时的供应量很有限。该聚合酶的特性与西特斯科学家的要求基本相符,至少这些科学家能用该酶来完成自己的实验。于是,克列诺片段就用作衡量核酸扩增效率的标准。如果当时市场上还有其他聚合酶,就有可能产生不同的PCR学术思想和技术策略。

　　应怀特和普赖斯之邀以酶学专家身份参加PCR讨论会的盖尔芬德,完全赞同穆利斯的意见,认为开发不同的聚合酶将是一个非常有前途的项目。在盖尔芬德看来,文献检索的结果,不但表明人类对这些聚合酶的总体认识极为有限,更重要的是,对聚合酶未知领域的研究有可能帮助西特斯科学家揭开许多公司关心的生物学奥秘。任何一个可能被用于DNA扩增的酶都必须具备两个关键性的功能特征:在65 ℃左右的高温下仍能高效合成DNA,能耐受95 ℃高温而不丧失合成DNA的能力。第一个特征很容易判断,只要找到能在65 ℃下生存繁衍的生物体,它们所携带的聚合酶肯定能在那个温度下合成DNA。第二个特征完全是个未知数,从来没人研究过这些问题,因为似乎没有这个必要性。

世界上有两个研究小组对嗜热细菌有兴趣,一个在美国的辛辛那提,一个在苏联。[29]苏联人对该领域有更持久、更深入的研究,几乎每隔一年半载就会发表一篇关于不同耐热菌株的文章。虽然PCR组内每个成员都认为值得花时间和精力去提纯热稳定DNA聚合酶,但对选择何种菌株却有不同的意见,因为无论从理论上还是从生物学的角度看,都存在不少完全没有答案的问题。虽然人们不否认可能从耐热细菌中纯化得到在65—75 ℃高温下保持功能的聚合酶,但却无法保证,肯定会存在这样一个不依赖于菌株细胞内环境的单纯蛋白质。有证据表明,由于聚合酶工作环境的复杂性,很可能需要多个细胞因子参与,才能正常发挥功能。如果某些因子在蛋白质纯化过程中丢失,那么,所得到的聚合酶将完全无法行使其功能。西特斯的科学家知道自己希望聚合酶做些什么——能忍受DNA变性时的高温,能在稍低温度时发挥DNA复制的功能——两者都与大部分生物在自然进化过程中受到的选择压力无关。因此,能否最后从嗜热(或耐热)细菌中分离纯化得到兼具上述两大特征的聚合酶,实际上是个未知数。

任务很明确:提纯聚合酶,并在人工环境下研究其功能特征。虽然西特斯公司内部有一个很大的蛋白质化学部,他们却没有在提纯 *Taq* 酶这个问题上给予任何帮助,因为公司管理层,尤其是法尔兹,强烈反对“把人力、物力资源浪费在任何没有疾病治疗前景的项目上”,法尔兹直到1990年还坚持这个观点。[30]穆利斯和怀特两人都曾找蛋白质化学家请求帮助,但是,化学家们处在尽快进行有治疗前景项目的研究的高压下,根本不可能为其他项目花时间。穆利斯这样说:

> 我试图在西特斯内部找些能帮助我们制造嗜热细菌聚合酶的人,我几乎问遍了每一个在西特斯工作的蛋白质化学家,遗憾的是,大家都没有时间。他们都忙于自己的事,比如有一个人那时正忙于提高用辣根过氧化物酶检测DNA的灵敏度,我对他说:"用我们手上这个方法能迅速地把样品中的DNA量增加10万至100万倍,再也没有必要去提高DNA检测的灵敏度了。"他的实验室花了大约一年时间试图将灵敏度翻一番,虽然我告诉他已经没有这个必要了,但他仍不愿意帮助我们提纯嗜热细菌聚合酶。[31]

怀特知道穆利斯具备自己动手提纯*Taq*酶所必需的生化知识和技能,在一次PCR组的会议上提出了这个问题。但是,穆利斯不干。盖尔芬德虽然不是研究DNA聚合酶的专家,对于蛋白质化学却并不陌生,在他的职业生涯内曾经提纯过许多蛋白质,包括限制性内切核酸酶和连接酶等,因此,他的实验室具备了进行*Taq*酶提纯所必需的仪器设备,他也鼓励穆利斯自己干,并表示愿意提供帮助。他记得曾对穆利斯说过这样的话:"到我这里来做实验,你可以使用任何仪器,它们都是你的。如果你需要帮助,我将很高兴为你服务,比方说指点一下如何灌柱子,如何跑柱层析和如何进行组分分析。"[32]但穆利斯从来没要求这方面的帮助。

最后,PCR组再也不愿意浪费时间等待穆利斯提纯*Taq*酶了,他们通知穆利斯,如果不能在几个星期内有所突破,将把提纯该酶的任务正式交给盖尔芬德。一个多月后,盖尔芬德果然从美国菌种保存库中要来了嗜热菌株,准备从该菌株中提纯聚合酶。这项提纯工作由盖尔芬德和斯托弗(Susanne Stoffel)共同完成。斯托弗是瑞士人,具备蛋白质提纯的基本知识和技能,1978年受雇到西特斯工作。通过加班加点,他们在三个星期左右时间内就基本完成了蛋白质提纯和性质鉴定。盖尔芬德报告说:"整个提纯过程顺利得似有神助!以人基因组DNA为模板,我们用自己提纯的聚合酶进行扩增,在凝胶上获得了对应于β珠蛋白基因的单一条带!一炮打响,我们得到了圣杯。Taq酶的功能甚至超过了原先最大胆的想象力。简直太好了,好得惊人。"[33]盖尔芬德肯定地说,在提纯得到Taq酶后24小时内,我们就给穆利斯送去了至少三分之一的样品。穆利斯的版本有所不同,他说:"1986年6月提纯得到了Taq酶,但是,他们把所有样品都送给了才木而没送给我。这使我非常愤怒。……我让弗雷德去向他们要。我说:'你什么也别管,去拿一半来!'我们在当天做了几个实验,那天下午结果就出来了,正如我以前所预测的那样,Taq酶是有功能的。"[34]

新提纯的Taq酶在当时的仪器条件下就有功能,这一点太使人激动了,因为即使它像克列诺片段那样只拥有部分功能,它仍然具有很大的商业优势。但他们提纯的Taq酶一点也不像克列诺片段,它具有明显的优势。它比那个聚合酶有更高的专一性和更强的酶活性,它不但产生很强的目标序列信号,而且把背景信号降低了99%。虽然Taq酶具有DNA扩增专一性并不完全出乎人们的意料,但它产生的专一性程度之高着实使人吃惊。盖尔芬德指出:"我们从来没有意识到克列诺片段的活性有多'差',因为它比以前任何其他替代物好许多。"[35]尽管克列诺片段能将目标序列扩增20万倍,Taq酶却是在那次飞跃基础上的又一次飞跃。

穆利斯离开西特斯：1986年9月

穆利斯坚持认为自己在论文发表过程中没有任何失误,为了弥补自己的损失,他要求作为今后5年内西特斯公司所发表的每一篇关于PCR的论文的第一作者。这一过分的要求和持续不断的优先权之争及专利署名之争等,使他与公司的关系进一步恶化。穆利斯说:

> 我真的非常恨汤姆。……主要因为我在西特斯遭受不公正待遇。……如果我在背后攻击或中伤安海姆,那是我和他之间的事,与西特斯公司无关。……但是,汤姆对我说:"不要再在公众场合里谈论他了。"我说:"我高兴谈论他的时候你管不着。"他说:"是的。但是,要想保住你的饭碗,你就别到处说他。"我们还说了些其他事情,就不欢而散了。当时的情形很清楚,我对自己的处境十分不满。……记得汤姆最后说:"如果你想离开这儿,我会给你5个月的工资和其他应有的福利。"我想:"这可正好,真是我希望得到的,多谢了!"于是,我离开了西特斯。[36]

穆利斯走了,但是PCR的发明权却属于西特斯公司。那时,市场上还没有任何由PCR派生出来的产品,所以,该发明的价值仅仅体现在与柯达公司合作的诊断试剂盒项目中。穆利斯离开公司时,得到了1万美元的奖金。一般情况下,每获得一个发明专利,在公司工作的科学家只能象征性地得到1美元的奖励。因此,人们很容易就看出重要性来了:怀特给了穆利斯1万美元,却只给了厄利克、才木和其他参与PCR研究的科学家1美元以象征性地奖励他们的贡献。当然,读者也不应忘记,罗氏公司为了获得开发和经营PCR的全部权利,付给西特斯公司3亿美元! 不管怎么说,穆利斯得到了西特斯公司支付给参与某项发明或者开发某个产品的科学家的最高额奖金。那也是法尔兹就任公司总裁后第一次给科学家发奖金,他终止了曾经在西特斯流行的用现金奖励科学家的做法(他并没有停止用现金奖励公司管理人员)。1986年初,公司仅发表了一篇关于PCR的文章,与柯达及珀金埃尔默的联合开发项目也刚刚启动,还没有出产品。有关PCR的主要专利在1987年6月被批准,有关PCR的第一个试剂(*Taq*酶)和自动PCR仪在1988年相继上市,那时,距穆利斯离开公司已有差不多两年了。因此,我们可以这样说,所有将PCR作为基本研究工具和诊断方法的关键性工作,都是由西特斯公司的科学家在穆利斯离开公司后完成的。1986年以后,穆利斯并没有对PCR研究作过任何贡献。如果他留在西特斯,他将像其他参与PCR商业化研究的每个科学家那样,通过优先认股权和长薪水这两种形式从PCR中获得更多的利益。[37]

◇ 第五章

真实支票

20世纪80年代初期,世界上还没有能够对遗传病和遗传鉴定进行分子DNA检测的方法。产业部门的内行人士认为商业性诊断试剂界可能不欢迎对遗传物质进行分子检测。所以,到80年代中期,市场上仍然只有一种能用来检测某个特定遗传学位点,从而预测细胞是否有可能发生病变的单克隆抗体。虽然美国人口发生糖尿病的概率很高,但由于对其发病机制了解不够,缺乏根治该疾病的方法,人们就看不到进行发病前诊断的优势所在。法医检验和亲子鉴定,可能是商业化推广分子检测方法的另外两个重要方面。法医检验的服务总量太小,而亲子鉴定的市场需求虽然较大,但现行的血清学方法都远比DNA分子检测法简单快捷而价格低廉。因此,当时比较流行的看法认为,人类疾病分子诊断技术的商业化前景并不光明。

PCR技术在许多方面为人类知识的迅速增长提供了新途径,特别是极大地促进了对HLA系统的认识和了解。尽管血清学检测结果表明,人类HLA基因位点是高度多态的,而且这种变异决定细胞是否病变,但由于基因的遗传学定位和序列测定十分费时费力,这方面的工作很难进一步深入下去。[1]此外,由于缺少群体遗传学数据,一直无法建立基因变异与疾病发生的相互关系图。虽然建立HLA基因的群体遗传学数据库在科学上的意义日益明显,但根据当时的技术,要建立这样一个数据库并弄清基因变异与疾病的关系,实在是一项长期而艰巨的任务。而PCR提高了完成该任务的速度和准确性。

为了用PCR研究 HLA DQ α 基因,厄利克的实验室开始对 β 珠蛋白基因系统进行一系列的修改。他们最担心的是两个目标基因之间分子量差异太大,β 珠蛋白基因片段只有110碱基对长,是那时所能被顺利扩增的最长的片段。沙夫对PCR试剂和实验条件进行了一些创造性的改进,使PCR扩增的最适长度从100碱基对左右提高到300—400碱基对。幸运的是,Ⅱ型HLA基因非常适宜于采用PCR,因为所有该基因的多态性全部位于一个不大的DNA片段上(该基因的第二个外显子,长约300碱基对)。甚至在PCR的早期,在发明 Taq 酶以前,就可能扩增HLA DQ α 基因的多态性区域,克隆不同位点并进行序列分析。由于PCR的出现,已经没有必要再构建基因组DNA文库了,但基因克隆的工作还得继续下去。分子克隆虽然工作量较大,但非如此不能得到有关该基因位点遗传变异的准确数据,因为在杂合细胞内,不同的等位基因位点都能被分离和测序。应用上述方法,来源于成百上千个病人的DNA能迅速地被分离、扩增、克隆和测序,产生以指数增长的实验数据。那以后短短几年间,全世界的科学家已经鉴别了90%左右该基因的已知遗传变异类型。

一旦搞清楚了等位基因之间的变异性,就有可能设计出简单快速的程序来确定细胞的类型。就群体遗传学研究而言,不可能也没有必要对每个个体进行DNA序列测定。于是,厄利克的实验室开始以寡核苷酸引物做探针,结合已知序列变异规律,开发了一种分型系统。因为事实上所有新等位基因都仅仅是旧多态性DNA片段的不同组合,设计一组不同的引物进行PCR扩增,当然可以很简单地确定某个个体的突变类型。具体的实验过程如下:以100个样本为一组,观察与不同DNA片段特异性结合的探针所在位置(这一步现已计算机化了),从而判定其突变类型并迅速证明是否出现了新的等位基因。DNA分型研究的进展,不但极大地丰富了人们对这个免疫系统关键成分遗传变异的认识,而且在1990年直接产生了一个以HLA基因变异为理论依据的DNA法医鉴定系统。[2]这项工作为图解人DNA遗传变异规律提供了新方法。可以毫不夸张地说,PCR的发明为诸如"人类基因组计划"这样的特大型研究项目提供了最根本的工具。[3]

传染病:艾滋病制剂

1984年5月,斯宁斯基加盟西特斯公司,恰巧在那时,加洛和蒙塔尼耶(Luc Montagnier)联合在《科学》杂志上发表了那篇现已闻名全球的证实反转录病毒诱发艾滋病的研究报告。来公司之前,斯宁斯基是纽约阿尔伯特·爱因斯坦医学院微生物学和免疫学专业的助理教授,并在分子生物学专业兼职,主要研究肝炎病毒,特别是人乙型肝炎病毒以及部分与此相关的动物病毒。对西特斯公司来说,斯宁斯基不是陌生人,在1976—1980年,他曾以斯坦福大学博士后的身份担任了西特斯的咨询专家。斯宁斯基这样说:

> 纽约是一个很难生活的地方,令人激动,但很难生活。我在那儿连房子都没买成,车也经常坏在路上。纽约不是日常生活的好去处,那个城市的社会和经济状况都处于某种萧条和冷落的气氛中。我真的喜欢爱因斯坦医学院的人,但有一件事使我非常不解。尽管我担任了很重的教学任务,获得了足够的研究基金以支付我的全部工资和我课题组的学术研究,院方仍从我的科研基金中拿走比例极高的管理费。除了教书,我还被要求参加各种各样的委员会,但却得不到任何补偿。我要求医学院负担我工资总额的10%—20%,他们连眦

都不睬我。

一到西特斯,斯宁斯基就要求进行有关HIV的研究。有几个理由支持他的研究方案。西特斯公司的一个子公司——西特斯帕洛阿尔托公司,正在从事巨细胞病毒(CMV)的研究,他们发现无法用现有方法检测或繁殖全部病毒。有研究表明,很难通过细胞培养的方法繁殖"艾滋病病毒",因此,研究开发部的科学家建议用核酸试剂盒来检测这些病毒。但是,市场部的人认为,只有同性恋者才有可能患艾滋病,这个试剂盒的商业前景一定不会好。斯宁斯基向普赖斯和怀特汇报了他自己的想法,他们认为这个方案很不错。为了加快这项工作的进度,公司在1985年初把一个很有才华的技术员夸克(Shirley Kwok)派去加强斯宁斯基的课题组的研发力量。

夸克的自我介绍,在许多方面符合"模范少数族裔"的标准程序。作为父母都是蓝领工人的第一代亚裔美国人,她生长于旧金山市,先后毕业于著名的洛厄尔高中和加州大学伯克利分校。她在大学期间主修细菌学,是公司新一代极具发明创造意识的技术人员。

访谈:夸克

夸克 经过了伯克利的4年大学生活,我发现自己并不真正对做学问感兴趣,伯克利的总体学术气氛对我并没有多少吸引力。因为竞争十分激烈,临毕业时我不想读研究生,不想做涌向学术小道的众人之一。我想离开学校,想找一份工作先干起来,并借机认真思考一下自己的一生到底该走什么道路。

毕业后两个月,我就在西特斯找到了工作。那时,他们的招工中心正在为样品分析实验室招聘初级技术人员,主要从事不同的菌株筛选以求提高抗生素的产量。我非常高兴能得到这份工作,因为当时的失业率很高。我在那个实验室干了两年,然后被调去分别为许多科学家(包括杰夫·普赖斯)工作。随着杰夫在公司里管理地位的上升,他在实验室工作的机会越来越少了,有一天,他问我,汤姆·怀特的实验室需要人帮助,你愿意去吗? 我回答愿意。于是,我被调到汤姆那个组,主要研究如何提高维生素 B_{12} 的产量。那以后,我们逐渐转入重组 DNA 和分子生物学研究。汤姆也刚刚开始自学分子生物学,我又显然缺乏这方面的训练,所以困难不少,但是,我把它看成是一个学习、掌握新技术的极好机会。

在西特斯工作的好处之一是机会多,我每隔一两年就能换个地方,一点也没有死气沉沉的感觉。在汤姆和杰夫的影响下,我的自信心不断提高。后来,盖尔芬德和斯宁斯基也给了我很大帮助,我感到我的职业生涯非常幸运。

拉比诺 你直接为汤姆工作吗?

夸克 我跟汤姆的关系很特殊。我想,在他被公司提拔、大量参与日常行政管理工作以前,肯定与凯普有君子协议,允许他保留自己所感兴趣的研究项目——真菌的分子进化。我就是被他调来做这个项目的。我当时没有参加西特斯公司的主流科研项目,虽然自我感觉良好,但仍然有一种与整体隔离的孤独感。其实我并不在意是否能成为公司整个科研群体的一部分,因为我听说在公司研究开发部工作的科学家之间的关系很微妙。由于我事实上是独立工作,所以能按照自己的进度学习重组 DNA 技术,并不断积累有用的实验数据。大约一年半之后,我就相当娴熟地掌握了进行分子操作的主要实验技能。最后,连汤姆都不好意思让我继续做他个人的特别项目了,他说,我应该参加对公司有更大意义的科研项目,这样有利于巩固我在公司的地位。于是,我就去盖尔芬德实验室工作,前后共约一年半,做了大量分子克隆方面的工作。1984 年,斯宁斯基来到西特斯后,我又被调到他的实验室,主要从事诊断试剂盒的工作。我花了至少一年时间,克隆梅毒基因。那段时间,凯利正好发明了PCR。因为有了DNA扩增技术,约翰就对我说:"有哪个目标序列的扩增会比HIV基因片段的扩增更重要呢?"

拉比诺 你在那个项目中起了什么作用呢?

夸克 我们开始做那个项目时,知道HIV是导致艾滋病发生的主要原因,约翰问我是否愿意做该项目的负责人,我觉得这是我的荣誉,当然同时我也感到紧张,因为无论从科学的角度,还是从我自己在公司的地位出发,这个项目都太重要了。我们也考虑到由此染上艾滋病的可能性和我那两个儿子的安全问题,经过与我丈夫长时间的讨论和思考,我认为由于工作中将采取严格的防范措施,研究HIV病毒将不会对我和家人的健康带来影响。此外,担任项目负责人一事也使我感到紧张。那以前,虽然我基本上是独立工作,但也只是个技术员而已,我对自己将担负起的责任一点把握都没有。直到约翰告诉我,事实上我们仍属于他的课题组,我才敢放心地接受这个新任务。

在我刚接手这个项目时,我只是一个研究助理。当我们完成HIV检测试剂盒研究开发任务时,我已被提升为博士级的助理科学家了。1994年,公司再次提拔我为传染病研究部主任。

拉比诺 你告诉我的这个故事太理想化了,难道不存在任何种族或性别歧视吗?

夸克 我不能说不存在这样的事情。但是,我的故事只牵涉到日常生活中的一个很小的群体。也可能我受到了蒙蔽,没有看到外部世界的真实面目。

斯宁斯基和夸克试图通过他们在美国或法国政府机构工作的同事们得到已经鉴定证实的HIV毒株,但是没有成功。西特斯公司的所有请求,无论是发给美国国立卫生研究院还是法国巴斯德研究所,都遭到了拒绝。到处碰壁的遭遇,坚定了斯宁斯基找到能进行模型实验并属于西特斯公司的HIV毒株的信念,他找到了加洛原先的合作者,纽约州立大学的波耶斯(Bernie Poiesz),后者不但在分离HIV毒株方面做过大量的工作,而且已经开始收治艾滋病患者了。波耶斯向西特斯公司提供了第一批临床样品。

斯宁斯基和夸克所面临的挑战,当然是如何从样品中检测到拷贝数很低、不同病毒株系间DNA序列变化又很大的HIV。那时,才木已经证明能够在复杂的DNA样品中检测到拷贝数很低的序列片段,斯宁斯基很快就掌握了从250个健康细胞中区分单个受感染细胞的技术,这一成就虽然使人兴奋,但并没有提供检测HIV的可靠方法。研究表明,HIV的突变频率很高,不同病人的HIV分离物肯定有序列差异,即使在同一病人的分离物中也可能出现带有不同序列的毒株。所以,最大的困难在于找出一段共同的、较为保守的目标序列。第一步当然是分析大量不同毒株,特别是其功能区DNA序列(当时,不少功能区已被逐步阐明了),然后才能开始设计跨越这些保守区的引物。由于几乎不知道引物中少量碱基错配对聚合酶功能的影响,研究人员非常担心一两个碱基错配会导致扩增失败,而慢病毒属以病毒DNA的异质性而著称,其中尤以囊膜基因变异最为频繁。很明显,为了设计一套有效的以DNA为模板的检测方法,首先必须克服序列突变问题。他们觉得可以采用混合引物的方法来试试。出于全面的考虑,一个好的检测方法不但要具备较高的灵敏度,还得具有扩增大量不同目标序列的功能。

1985年7月,斯宁斯基和夸克散发了一个关于检测与艾滋病相关病毒的实验方案。其中最主要的科学问题是:(1)在艾滋病症状出现之前,艾滋病相关病毒是否以DNA拷贝的形式存在于免疫细胞内?(2)PCR能否被用于扩增病毒DNA,进而证实某个不表现典型病症、但经常接触病毒的人是否带毒?这份备忘录指出,病毒完全有可能以"休眠"

的方式存在于人染色体DNA中而暂时不表现出任何症状。[4]根据常识判断,外周造血细胞中不可能存在大量病毒,因此,采用直接免疫法检测病毒性抗原的存在与否,效果一般不会太好。到那年7月,已有不少间接免疫检测结果表明,该病毒可能有着极为严重的社会影响。如果病毒确实有"休眠期",那么研制一套DNA诊断试剂,即使不一定会为公司带来多少商业利润,它也至少能成为公众强有力的健康保障。当然,DNA试剂盒也并非完全没有商业前景,它有着特殊的临床应用价值和潜在的商业价值。毫无疑问,不用在体外培养病毒就能确定细胞是否感染的方法,将有效地帮助内科医生判定阶段性治疗效果,因为该方法能准确和快速地反映不同疗程中的病毒数量。

研制DNA试剂盒的首要任务是设计引物。实践证明,这个任务的困难程度大大超过了他们的预想。研究人员在分析了公开发表的4个反转录病毒突变体(估计来自"同一毒株")的序列后认为,*gag*基因(编码病毒最外层包装蛋白)所在区域可能是理想的目标位点。因此,他们希望得到可用于PCR扩增的足够的模板DNA。与建立其他任何新系统一样,他们碰到了一系列技术难题和不少极为费时的细节问题。到1986年1月,才第一次获得了能够准确区分HIV与相关病毒的PCR引物。有了这些引物,整个DNA试剂盒研制工作就走上了正轨,虽然至今没有设计出一对能扩增全部HIV的引物,但他们已经用三对引物巧妙地完成了这个任务。[5]

访谈:夸克(续)

拉比诺 谁教给你关于PCR的基本知识?

夸克 我不认为有谁是被教出来的。我们每个人手中都有一份由兰迪和史蒂夫编写的PCR实验指导,大家都照着做!那是一段很有意思的时间,人人都有太多的东西要学,人人都在为集体贡献自己的智慧,因为那时进行的主要是可行性研究。我记得公司里有人担心研究艾滋病可能对环境带来不良影响,所以,仅仅为了做一次 PCR,我们就不得不穿上太空服,戴上防毒面具和防护镜,并把水浴锅等全部仪器统统搬到了 P3 实验室*。在那种环境里完成 30 个 PCR 循环简直太困难了,因为你常常不能肯定自己正在进行哪一步反应。"样品变性了吗?它应该复性吗? 我到底做了多少循环了?"你会碰到各种各样的问题。几个月以后,我和实验室的另一个同事一道去见汤姆,我们告诉他:"如果你不尽快给我们弄一台机器来,我们就辞职。"

拉比诺　这是不是说第一台原型 PCR 仪已经研制成功了呢?

夸克　是的,那以后很快就出来了,第一台 PCR 仪是西特斯的工程师自己设计和制造的机器人。

拉比诺　你得到了什么样的结果呢?

夸克　结果太漂亮了。那时,我们的合作者刚给我们寄来第一组密码标记的艾滋病患者的血样,我们从其中的 10 个样品中提取模板DNA 做 PCR,发现只有一个样品被成功地扩增了。第二天我们去译解密码的情形令人终生难忘。原来,在那组样品中,只有被 PCR 扩增的样品是艾滋病患者的血液! 我们高兴得简直要发疯了。很快,我们就开始了更大规模的研究。

不过,我这个研究组也是最早经历"样品污染"磨难的集体之一,在这个问题上卡了很长时间。似乎在一夜之间,PCR 假阳性的问题就冒了出来! 我一点都不知道究竟发生了什么事,只是觉得非常绝望,因为许多实验是我亲自动手做的。我只好两手空空地去参加 PCR 组的例会并告诉他们:"我得到了这些扩增产物,但是也得到了许多假阳性产物。"我认为人们在那时并不真正了解 PCR 的强大威力,所以,他们总是

---

　*全封闭生物危险品实验室。——译者

对我说:"你没做好,你太马虎!"那时,我们没有在实验台的划分方面做任何特殊处理。

拉比诺 所以,你认为实验室空间的合理调配是PCR技术的重要部分。你花了多长时间才搞清楚问题的关键?

夸克 大约两个月吧。因为我们一般总是在不同的实验台上做PCR,每做一个实验,总要设置一批负对照,隔三差五地会有少量负对照被扩增,而且随着时间的推移,这个问题变得越来越严重了。所以,大家都怀疑可能是样品污染造成的。我们清洗了实验台,换了操作布,还用漂白粉洗了移液器与移液管的接触部位,问题虽然没有彻底解决,但污染次数明显减少了。我们还到街对面一间从来没有做过PCR的屋子里做实验。此后,负对照的问题虽然没完全解决,但发生的频率明显低多了。我们不知道污染物是在PCR的准备过程中还是在扩增的时候带进去的。为了彻底消除污染物,所有HIV PCR都在"干净的"只用来做PCR的消毒通风柜里面进行,实验室的全体成员都保证不使那个通风柜和所有用于PCR的仪器设备沾上一丁点儿DNA扩增产物。

我们在开始每一个新试验之前都要做可行性分析,对大量药物处理后艾滋病患者血样的PCR分析发现,该方法可能不是合适的定量检测方法。虽然我到现在还没有完全理解那些实验的目的,根据目前所掌握的全部PCR技术资料,我怀疑我们的结论有些草率。

拉比诺 那时强调商业应用了吗?

夸克 好像没怎么强调,反正我从来没有感到要求提供产品的压力。我相信柯达公司曾经有兴趣,他们希望用HIV做载体,以推广PCR技术和形式。坦白地说,我们的DNA检测试剂盒之所以没有上市,并不是因为大家对那些引物不满意,我们在后来的实验中一直沿用最早设计的引物,关键的问题是柯达公司……没有真正下决心。

内乱

虽然西特斯公司在1987年取得了科技方面的显著进步,它却在同一时间内经历了由于公司总裁法尔兹与以普赖斯和怀特等人为首的研究开发部科学家之间的紧张关系所引发的内乱和冲突。很明显,这些冲突的焦点是如何管理制药项目以及如何确定公司的发展战略。公司应该支持什么样的研究项目,建立何种临床试验系统,公司的商业管理层是否有权干预研究开发部的事务,以及怎样处理临床试验等。论战双方都认识到,面对商业与政府部门及科研环境的不断变化和公司本身的不断扩大,西特斯必须进行适当的改组,才能适应形势发展的需要。很明显,论战的结果将影响公司及他们个人的前途。在研究开发部的科学家看来,论战的焦点在于,是坚持现行管理体制,由一群经验丰富、责任心强而又在各自研究领域里具有权威性的科学家共同领导,还是实行独裁制度,由一个人说了算。在总裁法尔兹看来,根本问题是进行什么样的机构改革才能把西特斯变成在商业上赢利的公司。在他刚到公司的那些年里,法尔兹花了大量时间精力使人相信,只有他才能使一个濒临破产的公司恢复"商业竞争力"并确立"有限研究目标"。他的这种说法在金融界和舆论界产生了良好的反应,对于稳定西特斯公司的财政收入发挥了一定的积极作用,但却使公司内部主管研究开发工作的高层领导感到愤怒,认为法尔兹没有反映公司的真实情况。

在西特斯公司成立后的第一个10年内,它实行了高度宽松的管理机制。这种方法的好处是能保证良好的工作环境,科学家可以在很大程度上自己决定研究项目。缺点是公司永远没有明确的研究方向,因此,往往造成人力物力资源浪费,财政收支难以平衡。随着公司的进一步扩大,体制改革的问题当然摆到了议事日程上。其实,公司内部讨价还价最多,直至发展到公开争吵的主要问题,就是由谁来最终拍板决定研究开发工作,特别是如何处置大量同时进行的、具有学科交叉性并按各自的特点和速度推进的科研项目。

从1986年下半年开始,紧张关系同时从几个不同方向露出端倪。首先发难的是研究干扰素和淋巴因子项目的科学家,多少年来,为了使这些项目尽快通过临床试验,他们一直坚持每周加班加点,现在生气不干了。刚开始只是非正式的议论,然后就发展成相当正式的关于可能的机构重组的讨论。主管研究开发的资深科学家同意在保留交叉学科研究项目、保留主要部门建制的基础上,增加一个负责项目总体布局、制订主要研究方向、确定重点研究领域、进行各部门间人力物力资源再分配的总裁。研究开发部的科学家都同意由怀特出任那个新职位,而由普赖斯继续担任研究开发部主任。[6]他们认为,这个新安排能使怀特远离实验室内部日常事务和人事管理上的纠纷,便于集中精力根据项目的科学性、资源利用程度和进展情况决定其取舍。因为西特斯的商业管理层一直在呼吁进行研究开发机构重组,大刀阔斧地采用项目择优支持机制,所以,普赖斯认为法尔兹可能会支持他们所提出的机构重组方案,尽管他可能不同意某些细节。但是,当他在1987年2月把重组研究开发的报告送到法尔兹手上时,后者表示了强烈的不满情绪。普赖斯记得,法尔兹坚持说只有**他**,法尔兹本人,才能主持西特斯公司的任何机构重组项目。

访谈:法尔兹

拉比诺 为什么研究开发机构重组一事会发生在1987年?

法尔兹 那是一个非常困难的时期。我觉得,形势已经非常清楚了,西特斯要想发展下去,光会做科学研究是不够的,我们必须掌握把科学技术迅速转变成产品的秘诀。我和我在公司商业管理层的同事们开始对西特斯在这个关键问题上行动如此迟缓表示强烈的失望,我相信普赖斯同样感到失望。记不清我们在一起多少次讨论过这个问题，但答案总是出不来。另一个日渐紧迫的问题是竞争，我发现有些成立比我们晚、经济实力也较弱的公司，都较快地拿出了可供临床试用的产品。因此，我认为西特斯应该成立一个专管产品开发的机构，机构的负责人应该是管理方面的行家，有能力打通产品开发的各个环节，而不应是某个特定领域的专家。比如说制造核反应堆吧，你肯定不会要求由核物理学家来造这个庞然大物，你可能会让他出个设计方案，然后就去找工程师、水管工、电工、泥瓦匠及其他必需的工人，按照设计方案来建造这个反应堆。你肯定会找一个总经理以保证这一切能够顺利、高效地运作。公司当时面对的正是这样一种情况，科学家已经设计了反应堆——医药产品，我们需要进行一系列的机构改革，并保证找到一个能够将不同的独立环节连成有机整体，从而迅速得到商业产品的管理型人才。

拉比诺 杰夫和汤姆把你的反应当成是对他们工作能力的怀疑，认为你想借故剥夺他们的权力，削弱他们在公司的地位，是吗？

法尔兹 他们的理解过火了。他们已在 4 年时间里充分向我展示了他们的才华。我们在一起努力工作，也多次讨论过要采取些什么样的措施才能提高公司的总体效率。我从来没有批评过公司的研究机构。因为无法在现有框架内找到解决问题的办法，我只好单独行动了。我的职责就是保证整个公司，而不仅是其中的某个部分，运转顺利。但他们把我的决定看成是对他们的不信任，杰夫第二次又带来一个反建议："让汤姆全权处理这件事！"我对他说，有两条理由表明我不能接受这样的安排。第一，我们需要大量的管理人才，而不能仅仅依赖于一两个人，你这种安排最终会把汤姆累死；第二，汤姆是公司最好的科学家，或者说科学经理，我不想让他完全脱离科学研究，他的长处在于不断发现新产品，而决不是如何组织产品上市。很显然，他们对我的决定非常不满意,他们要闹事。

拉比诺 凯普在那个阶段起了什么作用?

法尔兹 直截了当地说吧。在我执掌西特斯大印的8年时间里,凯普对公司内的一切**没有任何**影响,那是在我到公司前达成的协议。他仅仅是一个活动的傀儡,被请到各地做关于生物技术的讲座,致力于如何建立新的教育体制,如何把日本和美国的学术界紧密地联系起来。他在西特斯公司内的职责就是召集并主持董事会。如果碰得巧,一个月内我可能见上他一面,跟他谈两三个小时,告诉他公司的最新进展。在此期间,他没有向我传达过任何意见,也没有提出过任何建议。按照我们之间的协议,他应该置身于公司之外,而他也确实做到了。在董事会上,他总是支持我的工作和计划。可以说,在这个事件发生之前,他对公司的运行没有任何影响。

1987年4月,法尔兹提出了他自己的改革方案:由负责白介素2项目的布莱克莫尔(Judy Blakemore)担任公司的项目总监,主管全部研究开发项目。法尔兹认为布莱克莫尔是一个非常优秀的人选:"她不仅具备了我所要求的全部素质,而且是一个极有抱负,有进取心的人,她是个工作狂。对于她自己所从事的任何一项工作或研究,布莱克莫尔都会掌握令人难以置信的全局性知识。为什么不能让她来试试呢?"[7]根据这个方案,布莱克莫尔直接受法尔兹的指导并凌驾于研究开发部之上,因为所有的信息都将通过她上报到法尔兹那儿,然后再由她把法尔兹的意见传达到研究开发部的其他人。普赖斯、怀特和他们的同事们都认为布莱克莫尔缺乏领导经验、专业知识和学术地位(她只有商学位而不是某一学科的博士),无法驾驭所有的研究项目。他们还认为,布莱克莫尔需要很长一段时间来适应她的新职位,使全部项目正常运转。最令怀特不放心的是,布莱克莫尔将根本无法对某个项目作出自己独立的技术评价,无法对竞争性项目的质量作出科学的判断。他认为,布莱克莫尔最终只能根据项目经理以前的工作实绩和一贯表现,或者她本人对某个项目、某位经理的"信赖"程度来决定项目的取舍。总之,研究开发部认为,法尔兹提出的改革方案比不改革还要糟。在他们看来,法尔兹方案的实质,是要分裂和削弱研究开发部的力量。于是,研究开发部又提出了关于项目监控形式的不同的重组方案。

在这场权力之争发生的同一时间里,公司正竭力试图通过第二次出让有限的股份来获得更多的资金投入。法尔兹曾严厉指责研究开发部的科学家,认为他们故意拆公司的墙脚。科学家们则断然拒绝这一指控,他们抗议说,只有傻瓜才会故意损坏与他们自己命运休戚相关的公司形象和利益。为了在最后的较量中获得胜利,双方都动员了自己的全部力量和盟友。人们开始在私下里计算董事会中反对法尔兹的票数,讨论是否能够成功地赶走他。到后来,甚至召开了正式会议讨论此事。磋商结果表明,虽然在董事会上肯定会有两种声音,但大多数董事将会站在法尔兹一边。

有一次,法尔兹在与普赖斯和怀特讨论改组方案时提出了一个新建议,由他本人来担任公司的项目总监(或首席科学家)。他问怀特对这个安排有什么意见,怀特平静地用不常见的直率口吻回答说:"不行,你缺乏当此重任的学术造诣。"这一脱口而出的回答使普赖斯吓了一跳,他回忆说,当时,法尔兹看起来像是被雷击中了,他涨红着脸说了一大通话,认为自己肯定是最有资格担任这一职位的人选。他们的讨论会很快就中止了。怀特第一次认真考虑要离开西特斯公司。

研究开发部的科学家讨论后一致认为,法尔兹的新建议将是灾难性的,他们推选普赖斯作为代表与凯普交涉,因为凯普是唯一能够协调这场冲突和危机的人。凯普于是召集公司研究开发部的全部项目主管开会,听取他们的意见,他没让法尔兹参加这个会。虽然他在会上同意对法尔兹的某些批评,但并不认为已经发展到了必须分道扬镳的地步,所以,那次会议什么问题也没解决。凯普又安排了第二次会议,这次他通知了法尔兹。后者的反应非常激烈,认为召开这种会议恰好证明公司内确实有人想扳倒自己。科学家们同样感到受了欺骗,正如盖尔芬德所说的:"我们原先以为这是**我们自己的**公司!"[8]

第二天的会议基本与前一天的情况相同,只是多了法尔兹。凯普提出了一个折中方案,他建议让怀特担任公司的高级副总裁,赋予他按自己的意志运作研究开发部的几乎全部权力,只是要求他遇事必须向法尔兹报告,并接受布莱克莫尔作为他的高级助手。怀特和普赖斯记得,凯普当时用一种近于请求的口气提出自己的建议。研究开发部的人去会议室外面商量对策,他们认为凯普的建议没有改变法尔兹方案的基调,也不同意普赖斯自动辞职的请求。回到会议室后,他们宣布不接受凯普的方案。研究开发部的人知道,法尔兹和他的盟友们很难一下子把怀特、普赖斯和所有项目主管同时开除,因为那样做将给公司的科学项目带来灾难性的后果。更可怕的是,一举辞退研究开发部的全部主要领导,将给投资者送去很坏的信号,势必导致公司的股票暴跌。这一次,轮到凯普和法尔兹离开会议室了。他俩商量了一阵后回来问大家:"现在怎么办呢?"双方又提出了新的建议和反建议,但没有任何进展。很明显,事态陷入僵局。怀特、普赖斯和项目主管们都准备辞职了。

一天早晨,普赖斯醒来时灵机一动有了一个好主意:他建议只让布莱克莫尔负责已经进入临床试验的,法尔兹最为关心的那些项目,而将其余研究项目继续划归研究开发部管理。几轮谈判后,法尔兹同意了。他们之间的交易(从1987年6月1日起生效)包括一个正式的、有效期为三年的协议,协议明确规定,公司不能辞退资深科学家,除非向他(或她)提供一整年的去职薪金(法尔兹已经为自己作了类似的安排)。研究开发部保留了对主要科研项目的领导权,不过,从另一个角度看,法尔兹才是赢家。他提拔了布莱克莫尔,研究开发部的科学家感到他们还是处于自身工作任务以及来自布莱克莫尔的新任务的双重压迫之下。

1988年1月,怀特得出结论,研究开发部和他自己所面对的问题根本没有得到解决。他在经过周密计算后认为,应该利用谈判得到的一整年去职补贴薪金,回到实验室去做一个全日制科学家。从科学的角度看,那是一个鼓舞人心的阶段。PCR正在对分子进化研究产生重大影响,怀特渴望在这个领域里恢复与伯克利同事们的合作研究,因为这种合作甚至有可能使他获得教授职位或政府的研究基金。怀特在那年2月宣布了自己的辞职决定,他至今还记得凯普和法尔兹刚听到这个消息时表现出来的惊讶和对他的动机的愤怒与不解。他们提出了一个掩盖内部矛盾冲突、相互保全面子而又给怀特以充分选择权利的方法,暂时把怀特的离职称作“学术休假”。怀特同意了。因此,整个1988年,他潜心于用PCR方法进行真菌分子进化的生物学研究。[9]

谈判:用PCR法研究白介素2

因为PCR与癌症治疗没有直接联系,不属于公司的主要方向,所以,很自然,它在商业上处于次要地位。西特斯决定寻找专门从事诊断和科研仪器研究开发并具有市场和产品销售优势的合作伙伴,公开出让PCR的商业开发权。1986年2月,西特斯与柯达公司签署了协议,共同开发人类疾病体外诊断试剂盒。此前,公司已在1985年12月与另一个主要仪器制造商珀金埃尔默公司合作建立了风险投资基金。虽然开始时双方都没弄清楚PCR试剂与仪器市场在商业上的重要性,最早的协议书甚至提都没提PCR,但当事者双方很快就看清了它潜在的市场份额,并迅速将PCR的研制与开发列为珀埃西仪器公司的主要经营方向。到1987年11月,第一代PCR试剂与西特斯公司最后一代PCR仪正式上市。

1987年6月,PCR的基本专利被正式批准。到了1988年夏天,管理层开始起草PCR的商业计划。同年11月,西特斯宣布成立以商业管理人员为总裁的PCR部,斯宁斯基担任研究室主任,丹尼尔担任商业开发室主任。不同的力量,有时甚至是互相排斥的力量,导致了PCR部的成立。持赞同意见的一方认为,成立这个部,既能有效地集中研究力量,又能突出西特斯科学家在PCR研究中的特殊地位,同时,建立PCR部有助于提高该技术在投资团体和商业记者中的知名度。持反对意见的人则担心,增加一个部,事实上就是增加了一个管理层次,还有可能使公司商业管理层与研究开发部之间的关系进一步恶化。他们认为,成立PCR部,其实是出售PCR商业开发权的第一步,因为它使PCR看起来更容易被“出让”。

无论在西特斯内部,还是在制药界、仪器制造界,PCR的商业前景已经变得越来越明朗了。柯达公司也开始意识到PCR将成为强大的工具并将创造非凡的财富,所以,尽管与西特斯的三年合作协议主要限于开发内科常用免疫诊断试剂盒,柯达公司却支持了部分PCR产品开发项目,特别是用PCR诊断艾滋病和相关病毒的研究,以及其他诊断试剂盒的可行性研究。与此同时,其他大公司也开始接近西特斯,讨论合作开发PCR或者出让使用许可证的可能性。

虽然西特斯-柯达公司的合作协议即将到期,但是西特斯的管理层都相信肯定能通过谈判获得对PCR更多的支持。资金对西特斯来说太重要了,当时正处于白介素2临床试验的最后冲刺阶段。西特斯开始同多家公司商谈如何与柯达分享商业开发PCR的权利。在1988年间,西特斯分别与杜邦、雅培及其他公司进行了谈判,早就对应用PCR技术开发诊断试剂盒感兴趣的罗氏公司也趁西特斯未与柯达公司续签合作协议之机，正式加入了竞争行列。为了达成一项互惠互利的协议，西特斯和罗氏公司就如何用PCR在诊断试剂盒开发方面的权利换取罗氏公司在白介素2基因专利方面的权利开始了长期的谈判。由于法律约束问题，协议文本对这一条款采取了比较模糊的写法。

根据西特斯与柯达公司为期三年的协议，后者每年向西特斯提供600万美元作为研究开发费用。所以，谈判开始时西特斯的要价为每年1000万美元外加PCR部的日常运行经费。当时，西特斯非常缺钱，这一大笔钱将有可能帮助公司渡过难关。钱并不是谈判中唯一的变量，因为罗氏公司拥有开发重组白介素2的专有权，它在多年前从一家日本公司手中买到了谷口维绍的白介素2商业生产和销售权。此外，法尔兹想在这一专利下自由开发白介素2。虽然1988年仍有许多法律问题没有得到解决，但罗氏公司手中的专利权似乎足以"阻断"西特斯白介素2的商业化前景，尽管西特斯已经发现了一个白介素2的突变体，即它的"突变蛋白"，并拥有关于该突变体的美国专利。在美国，专利权的批准并不完全按照发明者提出申请的日期先后来排序，只要是美国本土的发明就有优先权。谷口维绍克隆白介素2的工作是在日本癌症研究基金会完成的，所以，西特斯仍然能获得白介素2突变体的专利。但是，罗氏公司却很可能成功地阻止西特斯出售（至少在日本和欧洲）白介素2这个事关西特斯公司前途命运的标志性产品。虽然并没有明确的法律方面的答案，但一旦诉诸法律，势必耗费大量金钱和时间。

因为在克隆白介素2的竞争中输给了日本人，1988年西特斯公司不得不作出决定，是否应当中止白介素2的工作而改行研究其他药用蛋白质。其他不少公司已经采取了这种策略，只有安进公司和西特斯公司决定赌一把，仍然继续进行白介素2的研究与开发工作。这两家公司都拥有重组型白介素2突变蛋白株系，双方很快就陷入了法律纠纷，西特斯击败安进，成为白介素2临床试验的主要供应商。西特斯保护自身专利不受侵犯的坚决立场和它在法庭上的出色表现,最终迫使安进彻底退出了竞争者的行列,可是,与安进公司相比,罗氏公司显然是一个更为强劲的对手,因此,西特斯内部对如何同罗氏公司斗争和谈判一直有争议。

其实,西特斯早就与罗氏公司接触过,希望成为合作伙伴,但是,罗氏公司拒绝了。原因之一是白介素2并非罗氏公司的主打产品,他们对西特斯的白介素2突变蛋白也没有太大的兴趣。当西特斯在1988年再次与罗氏公司接触时,罗氏公司这一回却真的发生了兴趣,不是对白介素2突变蛋白,而是对PCR技术。罗氏公司认为,PCR是一项极有价值的技术,是迄今为止最有威力的DNA检测和扩增技术。罗氏公司还决定,不允许与柯达或其他任何公司进行三方合作。因此,西特斯与罗氏公司达成了两项协议:第一项协议规定,罗氏公司将在5年内每年向西特斯的诊断试剂研究工作提供600万美元的经费。他们不仅保证西特斯能够从出售联合研制开发的诊断试剂盒和相应的技术服务中得到可观的利润分成,还同意按照每股15美元(比当时的市场价高3美元)的价格购买100万股西特斯的股票。[10]第二项协议规定,西特斯公司可以自主开发白介素2,罗氏公司将不按照侵犯专利权予以起诉或追究商业责任。双方同意共享白介素2的临床试验数据。

眼看西特斯与罗氏公司的交易即将成功,罗氏公司请普赖斯就地推荐一个有能力掌管PCR项目全部日常事务的人选,以保证他们公司在协议签字后就能立即掌握PCR的技术和资料。普赖斯推荐了怀特。罗氏公司在1989年1月进行了面试,同年3月,也就是在西特斯与柯达公司的合同到期后1个月内,他们决定聘用怀特。[11]因此,怀特开始在西特斯的大楼里一面为罗氏公司工作,一面等待法庭就杜邦公司和西特斯公司的专利纠纷案作出判决,这一庭审结果将直接影响到PCR的所有权和商业开发控制权。

残局

从1989年到1990年初的那段时间里，由于财政收支长期不平衡，人们开始真正怀疑西特斯作为一个独立的法人公司究竟能维持多久。不但研究开发部的所有高级项目经理，包括临床试验项目主管和日常科研项目主管，集体辞职离开了公司，而且越来越多的资深科学家，其中包括负责白介素2临床试验的科学家，也主动要求离开公司。怀特认为，法尔兹的管理模式是导致这么多人辞职的直接原因。在他看来，事实上已经不可能设法聘用新的科学家来重建西特斯了。凯普平时很少到西特斯来，又不愿意站出来反对法尔兹。不少西特斯原先的资深科学家认为，毫无疑问，凯普在西特斯历史上这一关键阶段的软弱表现，助长了法尔兹目空一切的领导作风和过分依赖于白介素2这个非常冒险的投资策略。因为西特斯有可能倒闭，所以罗氏公司就一直犹豫不决：如果西特斯真的被其他公司收购，拟议中的PCR项目肯定会处于危险境地。

1990年初夏，法尔兹与研究开发部的资深科学家之间爆发了新一轮大规模冲突。盖尔芬德组织召开了一次会议，他警告凯普和参加会议的所有董事会成员，法尔兹肯定会毁了西特斯！虽然那些人在三年前还不相信盖尔芬德的预言，这一次他们终于看清了问题的严重性。不然的话，为什么所有研究开发部高级项目经理和资深科学家都甩手不干了呢？盖尔芬德和他的同事们相信，只要法尔兹不离开公司，西特斯就不可能获得新生。他非常尖锐地责问，在事关西特斯生死存亡的关键时期，为什么董事会不愿意听听研究开发部资深科学家的意见呢？

访谈：普赖斯

拉比诺 能谈谈你与法尔兹的关系吗？

普赖斯 我在他手下干了8年，当我离开西特斯的时候，我总共在那儿呆了14年，所以，我相当了解西特斯公司在法尔兹领导下曾经有过的机遇和碰到的困难。我曾几次打算离开西特斯，1987年的危机几乎迫使我辞职。

他对我们工作中的有些批评可能是对的，但是有一次，我交给他一份有关改组研究开发部的草案，他不但在事后许多星期内不与我讨论，而且最终提出了一个完全不同的重组方案，导致我们之间的矛盾冲突升级。早在1987年以前，研究开发部的科学家就对鲍勃的领导作风产生了相当大的保留意见。……不过，在那以前，还没有太多的证据表明他真的有可能采取危害公司发展的行动。他不应忽视他的方案所带来的负面影响，因为它其实是一个信号，表明鲍勃对研究开发部的领导层和总体工作丧失了信心。他的方案似乎在说："我比你们更懂得如何管理研究开发部，所以，我要采取行动了。你们要么喜欢这些新举措，要么老老实实忍着。"他选择了一个没有科学背景、不懂科学的人来担任研究开发部的太上皇。我们不能批评她，因为鲍勃会把这些批评当成是对他本人的不满。从那时开始，我逐步失去了最好的同事、最好的资深科学家和最好的临床医生。很清楚，研究开发部完了！

拉比诺 但是，你忍受了那一切？

普赖斯 是的，我们熬过了那段时间。因为罗恩不支持我们，董事会也不支持我们，如果我和一大帮研究开发部的科学家同时辞职，那么，西特斯就彻底垮了。这是大家都不愿意看到的，每个人都将遭殃，公司也将最终失去成功的机会。所以，在与公司签订了保护科学家权益的协议后，大家决定留下来继续干，与此同时，我一直在寻找新的出路,试图部分恢复法尔兹改革方案出台之前的体制,尽快消除公司内部不断积累的问题。

不过,我最终还是意识到再造西特斯当年的辉煌已经不可能了,即使我花再多的时间和精力也不可能使公司长久生存下去。我的努力虽然包含了对个人利益的考虑,但却具备了更深层次的意义,因为那曾经是我们的事业。一旦领悟到公司失败命运的不可抗拒性,我就很难再平静地履行自己的职责了,因为我时时感觉到公司正在走向深渊,我所持有的西特斯股票(那是我个人财富中相当重要的组成部分)正在飞速贬值。到1990年3月,我终于跟鲍勃摊牌了,我对他说:"你看,公司一定要倒闭,而我也不可能长期顶下去。"在讨论决定了我离开公司的优惠条件后,我就正式辞职了。根据协议,我能够自主处理手中拥有的西特斯股票。于是,我趁着市场尚未完全疲软之机,迅速抛出了全部股份。有许多人在我走后很快决定离开公司,这种事就像河堤决口,洪水一发而不可收。

我走以后,鲍勃成了研究开发部事实上的主任,因为受不了他那种"一言堂"式的霸道作风,科学家们造反了。……不出几天,我精心编织的研究开发部就乱了套。这一事件直接导致了鲍勃的倒台。当然,白介素2顾问小组退回来的那份材料也起了推波助澜的作用。

拉比诺 你怎么看公司在1987—1990年的表现?

普赖斯 我总觉得白介素2不会有太大的问题,但我感到人们对临床医学应用白介素2可能会碰到的困难缺乏充分的估计。我的态度是,白介素2上临床这一天肯定会到来,但需要足够的时间。这就是说,我们可以,也应该,把白介素2项目作为有限目标中的首要任务,但同时也不应排除第二、第三号重要任务,甚至还应有第四、五、六号作为预备目标。法尔兹说:"让其他所有项目都见鬼去吧!"这句话产生了两个不好的效果:一、公司在一定时间内只好把全部赌注押在白介素2

上,导致从事这项研究的科学家受到过大的压力,难免求快不求好,获得一些不成熟的数据。二、这样做就在公司内部制造了混乱,从事其他研究的科学家就不安心。

PCR就是受他伤害的项目之一。我认为,他是这样一个人,当他把所有的球都扔向空中后就惊慌失措了。因此,他只捡到了一个球。刚来公司那会儿,他可完全不是那样,他根本不让我们通过理智的选择,减少扔到空中的球数以减轻管理上的压力。我们争论了好多年,到最后他突然彻底改变了主意,只要一个球了,连计划都没有做一个。这是明显的判断失误,没有任何真实支票。

FDA的顾问小组在7月底作出决定,退回西特斯公司要求批准在临床上应用白介素2的申请报告,待补做实验并获得更多的数据以后再上报审查。在那以后不到一个星期,法尔兹就接到了董事会的通知,让他在8月15日前自动辞职,如若不然,他会被公司以"渎职"的名义开除。法尔兹立即要求辞职。正如部分曾经在西特斯担任重要职务的科学家所说的那样,法尔兹得到了丰厚的"退职金",公司付给他三年的薪金、大量股票和作为公司顾问的长期报酬。

访谈:法尔兹(续)

拉比诺 研究开发部的人认为白介素2项目上得太快了,所以基础不扎实。你同意吗?

法尔兹 我不认为公司在有关白介素2项目进度安排上操之过急了。公司早在1981年就开始研究白介素2,并在1984年使之进入临床试验阶段,在1990—1991年获得了临床使用许可证。[12]因此,根本谈不上"操之过急"。用10年时间得到一张药证,基本属于标准速度。从产业化的过程看,白介素2只是药物开发史上很平常的一员。研究开发部的那些人在药物开发方面没有任何经验,他们只会用纯科学的眼光看问题。在产业化的过程中,往往没有一个决策是纯科学的,是那样单纯的! 因此,他们的观点是错误的。科学家! 科学家,上帝保佑他们的储蓄罐,可能永远只打算造凯迪拉克。而在真实的产品世界里,无论药物还是其他什么东西,只要有助于改善现状,你的产品就能上市,没有必要等到十全十美了才上市。这一点无论对药物、轿车还是对其他任何产品,都是正确的。我有时对他们说:"来吧,伙计们,让我们在造出凯迪拉克之前造出几辆福特车来,好不好?"白介素 2 的问题就是那样简单。

拉比诺　那么,FDA 是怎么一回事呢?

法尔兹　我们干得很辛苦,人人都使足劲,才交上了申请报告,等待 FDA 的顾问小组打电话让我们去进行项目论证和答辩。从递交申请书到举行论证会大约需要一年的时间,但接到举行论证会的通知真的是一个很好的信号,表明你所申请的药物有可能被批准。所以,那是一件大事。我们应召去参加了白介素 2 的论证会,顾问小组的人说:"毫无疑问,这个药物是有疗效的,它显然有利于肾癌患者的康复。但是很不幸,白介素 2 同时具有毒副作用,应属于慎用药物类,必须严格管理。由于它所具有的危害性,顾问小组要求进一步了解白介素 2 疗效最显著的疾病类型,希望你们回去重新检查实验数据,明确报告服用白介素 2 将使哪些病人的健康状况得到最明显的改善。满足上述要求以后,你们可以回来重新递交申请书。"这就是全过程。

拉比诺　你对这个决定作出了什么反应呢?

法尔兹　我非常失望。我认为这是一种拖延战术。很明显,对公司来说这样做的代价实在太高了。就我个人而言,我觉得他们剥夺了病人享受药物治疗的权利,因为欧洲人已经用上了白介素 2。我非常愤怒,非常不满,我感到忧虑,也感到绝望。我当时表达了自己的部分想

法。(笑)

拉比诺 你是否觉得自己犯了一个战术性错误?

法尔兹 从政治上看,这是错误的。直到今天,我仍坚持认为我并没有说错,那些都是我内心的真实想法,后来所发生的一切也证明我是对的。但是,作为一家公司的总裁,在必要的时候,你应该忍气吞声,因为你不能与那些人撕破脸皮。我没有做到这一点,我在这个问题上的判断是错误的。

拉比诺 从本质上说,这是一件小事,为什么不能弥补呢?

法尔兹 哦,当然能。我只是低估了FDA对药物毒副作用的关心程度,我算计不当,原因是我拿所有被批准用于化疗的药物做参照物。我在论证会上不应坚持这一条,也不应该说:"你们不批准白介素2上临床,其实就是在拿病人的生命开玩笑。"凯普说,他为我的这种胡搅蛮缠感到脸红。他是对的。仅仅24小时后,我就回到了西特斯对全体同事们说:"好吧,伙计们,为了使白介素2早日上临床,从头开始好好干吧!"那时,我心里完全有把握。

公司也没有经济危机。那时,我手中仍有1.5亿美元,还有一个机会把PCR卖3.5亿美元。我们还有5个处于不同阶段的医疗产品。我之所以被迫辞职,完全是因为有人半道上趁火打劫,告我的黑状。很明显,我对公司股票下跌一事也非常失望,但那只是市场的反应,没什么可奇怪的。

使我目瞪口呆的是罗恩和董事会的其他成员,他们在事先完全没有跟我商量的情况下作出决定,认为公司已经到了垮台的边缘,必须改弦更张,进行重大改组,要么找一个大靠山,要么干脆把它卖了。董事会并没有就此事举行听证会或进行任何调查,据我所知,罗恩是这一事件的发起人,我完全被蒙在鼓里,直到罗恩宣布了他们的决定,认为我已经不再适合于留在西特斯。我认为,惊慌失措,完全是不必要的惊慌失措,导致我被迫辞职。所有这一切发生以后,我们同意不再讨论细节问题。我对西特斯公司的前途有完全不同的看法,我认为自己在公司所犯的一个最大错误,就是没有留意他在愚弄董事会。

拉比诺　多长时间以后你才开始平静下来?

法尔兹　我气疯了,我认为这个小丑要毁掉西特斯公司。他究竟懂什么呢?我在生物技术产业界干了20多年,现在突然冒出来一个什么也不是的东西,企图往我的脸上抹黑。过了很长时间,我才逐渐恢复了理智。我把这件事看成是对我人格的侮辱,好像我正在参加一场马拉松赛跑,在我接近终点时才有人跟我说:"嘿,此事与你无关,你出来。"虽然罗恩也引退了,他却未被解雇。我永远也不会原谅他。[13]

尾声

1990年8月17日,《华尔街日报》刊登了一篇文章,题目是"FDA拒绝签发药证,法尔兹辞去西特斯公司总裁一职"。文章写道:

> 非常有争议的西特斯公司总裁兼总经理法尔兹被迫于昨天宣布辞职。两个星期前,FDA的一个小组拒绝为西特斯公司的抗癌药物白介素2颁发新药证书。
>
> 脾气很大的52岁的法尔兹先生所留下的空缺,将由长期在西特斯公司供职的凯普和伦顿(Hollings Renton)两人共同担任。这两个人的出山,似乎说明西特斯有意缓和前任总裁造成的好斗形象,从而赢得FDA顾问小组的支持。……由于投资1.2亿美元开发白介素2所造成的经济损失,现有员工950人的西特斯公司还表示要裁员100人左右。……目前,士气可能已经跌落到最低点的西特斯公司还被对白介素2项目的困境表示愤怒的股东们两次推上法庭。……产业分析家们

指出,法尔兹的工作作风可能是造成此种局面的关键因素,他个人也被媒介定性为"好斗分子"。……伦顿最后说:"我们必须重建公司的形象。"[14]

1991年2月28日,美国一个地方法庭审查杜邦公司和西特斯公司关于PCR专利权问题的诉讼案时,一致同意西特斯公司对PCR拥有无可争议的主权。7月23日,奇龙公司私下同意出资6.6亿美元,购买全部西特斯的股份,除去出让PCR专利权应该得到的3.3亿美元,他们实际用3.3亿美元的现金和资产买断了西特斯公司。[15]12月12日,罗氏公司最终拍板用3亿美元购买西特斯的PCR技术,奇龙公司公开宣布它已经购买了西特斯公司的剩余资产。

◇ 结语

一个简单的不起眼玩意

一个客观的人，……一个有科学本能的人，终将在成千上万次完全彻底的失败或不成功的尝试中找到辉煌的出路。……毫无疑问，这肯定是世界上最宝贵的工具之一。但是，他仍然掌握在最强有力的人手中，他只是一件工具。如果让我说，他是一面镜子，因为他"永无穷期"。……这种人只是在悄悄地等待着新事物的降临，然后轻轻地走过去，于是神灵般物在他的身心上倏然而逝。

——尼采（Friedrich Nietzsche），"我们学者"，
引自《超越善与恶》（*Beyond Good and Evil*）

我认为，西特斯公司其实是一个应运而生的试验基地。正因为它是一个基地，我们当然能看到各种互相联系的特定场景、人物和事件在特定时间里走到了一起。如果我改变观察事物的角度，如果我换一种写法，就可能用不同的过程塑造出不同的西特斯公司。因此，我在这本书里是否准确地反映了西特斯及其主要人物，曾经是、现在是、将来可能永远是一个有争议的问题。我完全不知道世界上究竟存在着多少个"怀特"或"穆利斯"，也不知道是否有人能告诉我到底应该怎样写才算是客观的、公正的。我的叙述不靠这个数字，大概不同于默顿的叙述（受到与科学规范不相谐的价值所呈现的逻辑上的破坏），不同于沙平的叙述（被学术界人士中的唯利是图证据所动摇），不同于尼采的叙述

（用假想的心理计量研究证明"神灵般物"不存在）。

为了较好地完成这个项目，我征求了才木、厄利克和怀特的"小结"，下面就是他们对PCR以及对穆利斯获得诺贝尔奖一事的总体看法。

才木 我的看法比较矛盾。首先，我对这件事的结局表示不满。凯利有优点也有缺点，但不管怎么说，那是我们一起工作的成果。按照现在的结局，他那个逐年变样的关于PCR的故事很容易就获得了媒介和大众的认可，那已经成了传奇，而并不真正反映西特斯科研技术人员在这个问题上所付出的大量劳动和心血。那是经穆利斯修饰后的版本。我们同意把PCR的发明权让给穆利斯，却并没有从他那儿得到任何回报。如果没有我们的辛勤劳动，光靠他一人是到不了今天这一步的。没有PCR组全体成员的努力，我相信他可能什么事也干不了，他会扔掉这个想法而去思考些新东西。

不应该把诺贝尔奖授予凯利一个人，也不应该把这个奖项授予凯利和其他人。我们的工作干得很出色，几乎无懈可击。在1985年，我是实验室里技术上的主力，虽然有困难，但我们知道该怎么干。凯利只想按他自己的想法干，那肯定要花很长的时间，而我们在研究如何既干得好，又干得快。我们希望尽快改进OR法。那时，我们与他的关系更像在同一幢大楼里的竞争对手，我们干得比他好、比他快，因为我们比他更有经验。我们经常告诉他下一步该做些什么，才能使局外人相信这些都是真的。随着PCR项目的日益深入，我们与穆利斯之间的关系却越来越坏了。可能我们应该敏感一些，把进度压下来，但是我们没有那样做，因为没人愿意故意拖后腿。

穆利斯认为我们根本无法实现PCR这个梦想，因为根据他自己所掌握的十分有限的分子生物学知识，他知道自己只能做这些。他的生物学背景决定他再也无法进一步做试验了。[1]

厄利克　一方面,我很高兴看到,作为一门技术,PCR的重要意义能够被诺贝尔奖委员会所认识;另一方面,我又感到十分失望。因为把这顶桂冠授予穆利斯一个人,就等于肯定了他个人在PCR研究中的主导作用,忽视了PCR组内其他人的辛勤劳动。不错,穆利斯确实提出了一个很好的想法,但他在那以后的岁月中所做的却仅仅是冒名顶替和自我标榜。看起来,重写历史要比写论文容易得多。

穆利斯从来就没有正式得到DNA的扩增,所以,他应该与人分享这一殊荣。我希望自己能够为他感到高兴,但我有的只是对他的满腔愤怒。多少年来,他一直污蔑我剽窃他的成果!不过,话要说回来,这是他们的诺贝尔奖,他们爱给谁就给谁。

那么,为什么舆论和大众都接受了穆利斯的PCR"创世神话"?因为没人站出来反驳他。我们当中许多曾在西特斯工作过的人都曾被告知必须保持沉默,不能为难穆利斯,否则就有可能危及公司的专利权。他手上有牌。无论是西特斯还是罗氏公司领导层都担心穆利斯行为的不可预见性,他们不知道穆利斯是否支持西特斯获得专利。于是,只有不惜一切代价笼络他,并保证不让任何曾在西特斯工作过的人去激怒他,他的宣称才没有遭到了解内情的人公开的质疑和驳斥。

我不信凯利一开始就看到了PCR技术的重要性,对他来说,PCR只不过是一种可以合成大量DNA的方法。说到底,他是一名合成化学家。我实验室(包括兰迪和史蒂夫)的主要贡献是首次将PCR应用于分析试验中,首次从人基因组DNA中扩增得到一个特异的基因,首次用PCR进行等位基因鉴别和DNA序列测定。在我看来,PCR是研究生物遗传变异极好的工具。我坚持认为,PCR技术是以镰状细胞贫血作为模型系统才得到发展和完善的,而不像有些人所说的那样,是第一次在那个系统中应用。在β珠蛋白之后,它才应用于人类白细胞抗原系统。

评奖委员会和科学新闻记者都喜欢把某个新发现与特定的人物

(孤独的天才)相联系,事实上,PCR 却是体现团队精神的典范之一。许多人为此作出了贡献:我实验室的科研人员,许多工程技术人员,盖尔芬德实验组,斯宁斯基和怀特等。如果凯利正式承认了这些人的贡献,我们就会好过些。在我们大家看来,PCR 是有助于创新性研究的强有力的工具,而穆利斯认为它是通向荣誉和地位的桥梁,所以,他在第一篇手稿中就开始篡改历史了。他在"鸣谢"中感谢汤姆给了他独立完成PCR 研究的机会,而那篇东西是在我实验室顺利地完成了 DNA 扩增以后写出来的。具有讽刺意味的是,因为汤姆要求我和诺曼以及 PCR 组其他成员迅速投入这项研究并报告其重要性,PCR 才得以试验成功,凯利才得以发表关于 PCR 的论文。汤姆并不是局外人,没有他的参与和干预,PCR 是不可能成功的。[2]

怀特 我说六点。(1) 这是由新兴生物技术公司完成的第一个获得诺贝尔奖的科研项目,有着特别重大的意义,它表明这些公司在 80 年代所进行的科学研究是极有创造性的,毫不逊色于任何世界一流的实验室;(2) 这项工作很快就得到了公开发表。事实上,我们一做完实验,刚获得了可靠的、有意义的实验数据,就把论文送出去了。尽管该技术的发明者要求把它作为商业秘密藏起来,但公司决定尽快公开发表;(3) PCR 这项工作表明,科学研究与取得专利技术保护并不总是处于格格不入或者互相排斥的地位;(4) 穆利斯最早提出了 PCR 的构思,这一点没人持怀疑态度;(5) 证明 PCR 这个概念技术上合理可行的关键实验,并不是穆利斯一个人完成的,而是由 PCR 组这个集体在特定的环境中共同完成的。如果没有这个集体和这个环境,就不可能有 PCR,至少不会那样快;(6) 当时确实有不少生物学证据表明 PCR 可能在技术上行不通,而穆利斯本人不具备克服这些技术难题的能力。[3]

才木发现,决定某人贡献大小的过程往往是一个非常吃力的游戏过程,赢家总是那些活没干多少,但赔得起时间的人。才木觉得自己非常忙,没有时间参与这种游戏,所以,他在PCR研究中的贡献就被人遗忘了。他对穆利斯缺乏认真精神,对他的个人功利主义思想,对他拒绝承认PCR组的集体努力和全体成员的敬业精神是导致该方法成功的重要原因表示愤怒。从实验室的角度出发,科学就是可证明的结果,是集体活动的产物。如果说在才木眼里,凯利仅仅通过编造有传奇色彩的故事来树立自己的"天才"形象,那么,在厄利克看来,穆利斯对自己的有意美化完全背叛了科学研究的宗旨。厄利克认为,科学就是分析,科学创建模型,科学的"意义"就在于科学家所完成的创造性的工作。厄利克认为贬低PCR实验数据的重要性,不仅导致了个人荣誉分配上的不当,而且违背了科学的本质——真实性。他不但坚持认为穆利斯故意把自己打扮成"天才",而且还把技术环节上的进步误作科学和概念上的突破。厄利克坚决抗议我早些时候在一份手稿中说他对此感到"苦恼",他宣称自己对生活的选择以及由此产生的结果永远不会"苦恼",他只是被穆利斯的行为"气疯了"。厄利克说,在后来的日子里,他仍然从科学研究中获得了很高的回报,他很高兴自己曾是开发PCR的一员,他对此一点都不后悔。不过,他希望能将事实真相公之于众,他要求把真实的科学家摆到相应的位置上,因为他们作出了实实在在的贡献。才木和厄利克都认为穆利斯故意歪曲了PCR的真实"意义"。

从这个角度看,怀特并没有对PCR或任何与此相关的事感到烦恼或不满,他那备忘录式的结论,有节制而兴高采烈的语气,充分表明了他的态度:公司的重大科研成果得到了全世界的承认和瞩目,他为自己在这件大事中所作出的贡献感到自豪。由于他的决策,一个伟大的发明终于诞生了,难道他不应感到骄傲吗?怀特没有说哪些地方背叛了职业道德,也没有告诉我们任何剽窃或弄虚作假现象,尽管现代科学研究中充满了这类几乎无法挽救的弊病。相反,他为在公司内部创造新式的,用默顿科学规范武装起来的,能充分发挥集体力量并最大限度地利用科学家个人智慧的,能及时完成科研任务的研究机构而欢呼。怀特等人确实在相当长的时间内成功地驾驭了一群个性鲜明、有特长也有缺点的科学家,获得了令人信服的科研成果,创造了一门极有应用价值的技术。即使那样做意味着资源的重新分配,意味着让两组科学家在不断修补相互关系的基础上公开竞争,意味着使西特斯公司的科研工作偏离原定的轨道,也在所不惜。

假如怀特有机会聆听韦伯关于科学的现代性的严肃的讲演,他就用不着为此局促不安了。韦伯说:

> 科学,今天是一种按特定学科划分的"职业",其目的在于,认识自我,认识相互联系的事实。它不是先知先觉施舍救世仙丹的礼物,也不是智者哲人分享对世界意义的沉思,它是我们历史环境中不可回避的事实。[4]

今天,先知先觉的诱惑力已经式微了,至少对像怀特这样的科学家来说,对自我净化的挑战本身就包含了如何避免把荣誉(物质的和精神的)这口陷阱作为首要目标,或者作为事后得到补偿的手段。怀特的终极目标是用诚实可靠的方法去解开自然之谜,而这个过程又同时为他提供生活的保障。富兰克林(Benjamin Franklin)肯定会同意这种看法。在罗氏公司以3亿美元的高价购买了PCR的所有权以后,他们请怀特负责整个PCR部的运转。怀特同意了,条件是为他个人保留点从事科学研究的机会,多少年来他一直是这样做的。怀特是一个可以信赖的人,每个人都信赖他,包括穆利斯、厄利克、夸克、法尔兹、罗氏,甚至我本人。当然,怀特更相信自己。如今,穆利斯还不时跟他在电话上聊聊,法尔兹对他表示了尊敬,厄利克和夸克为他工作,罗氏公司仍雇用着他。

他"独特的道德准则",借用韦伯关于富兰克林的说法,"是他人格力量的基石。这不仅仅是因为他的职业(科学的或管理的)敏锐性,这种东西非常普遍,更主要是因为他的精神特质,……是他所特有的极富道德色彩的生活准则,正是这种特质使我们感兴趣"。[5]在我的印象中,怀特性格中最有特色、最使人感到好奇的,是他毕生追求的信条:客观和公正。他像是一架调试精良的仪器,能够对技术、观念、实验系统和实验室空间分配等各种问题,对组织机构之间的冲突,科学发展的趋势以及不同科学家之间个性的交锋等,作出及时和有效的反应。

这些西特斯科学家的自我评价是:为人诚恳,学识渊博,工作努力,乐观豁达。那是一群美国职业科学家,他们几乎把西特斯研究开发部这个充满活力的集体,这个他们为之积极奋斗的集体,当成了自己的家。他们都深信,自己在那儿的工作,或多或少影响了科学发展和技术革新,促进了人类健康水平的改善和社会的进步。[6]能够为社会作出有益的贡献,他们感到无比的自豪。

写到这里,我们很容易,尽管有点转不过弯来,回忆起韦伯对科学为世界谋福利这一信仰的毁灭性打击:"在尼采对'创造了幸福'的'最后一拨人'*进行了致命的批判之后,我们可以彻底抛弃对科学的天真幼稚的乐观态度,即抛弃那种把建立在科学基础上的支配生活的技术,作为通往幸福之路加以庆祝。除了少数几个在大学里做教授的毛孩子和科学杂志部的编辑之外,谁还相信这一套呢?"我们不能再一次转不过弯来,因为西特斯的科学家显然赞同韦伯对现代科学的蔑视态度。他们认为,许多核心科学期刊正在迅速变成散布小道消息的街头小报,或者正在成为少数特大型科研项目主持者的代言人。他们对此表示愤

---

*指科学家。——译者

怒。尽管有人可能会不信,但事实是,有关人类健康的研究确实在现代社会里占统治地位,而生物医学科学又恰是促进人体健康的主要手段。

无论如何,韦伯接下去说的话还是有一定道理的,他说:

> 那么,加上了这么多内涵之后,以科学为业的意义到底是什么呢?……托尔斯泰(Tolstoi)给出一个最简单的回答:"科学是无意义的,因为它其实回答不了我们的问题,回答不了我们唯一重要的问题:'我们该做什么,我们该怎样生活?'"毫无疑问,科学回答不了这个问题。在这个意义上,科学所能提供的答案是"无可奉告"。不过,科学说不定能帮助我们正确地提出问题。[7]

四分之三个世纪以后的今天,韦伯对于科学的现代性的诊断仍然是正确的,他关于科学"无可奉告"的定义似乎已经成为社会文化的一部分,因此,他所提出的问题也失去了紧迫性。韦伯那种忧郁的腔调听起来既现代又古老,西特斯的科学家当然不会指望用自己的工作去回答韦伯的问题,因为新的主体和客体已经充满了这个相同的空间,人们已经提出了关于这些主体和客体的新问题。

我们再来看看实用主义者杜威,他用自己老式的欧洲精神,用有力而自信的笔调写道:

> 科学是促进技术进步的工具,它使技术获得为人们所掌握和珍视的结果。但更重要的是,科学是一种方法,它把我们从自然界的奴隶变成享受自然界的用户,虽然这种自然界与用户的关系早就存在。科学工作者必须牢记,科学的实际应用,或者说科学实验,完全是出于科学家的个人需要。……因此,为了满足自己的虚荣心,科学家总是希望世界上每一个地方都应用自己的实验成果。这种应用囿于个人利益越多,科

学概念拥有的意义就越少，它们暴露的错误也越多。……只要科学家陶醉于自己的结果中，它们的实际意义就肯定比较模糊，其内容也不一定经得起推敲。[8]

对杜威来说，形而上学思想并没有遇到危机，丧失追求"真正的意义"又何尝不是事实上的解放。他认为，依附于"真相"的妄想，必然过分陶醉于精神错乱的妄想。杜威肯定会催促韦伯停止担心，并尽快动手做些实验："每一个人，不管他来自人类社会的哪个阶层，或哪种职业，其实都是实验家，都在不断检验理论家的各种结果，这是确保理论家精神健全的根本保障。"韦伯对此肯定会犹豫，但几乎不会有异议。在对他的德国学生讲述美国学生把民主与科学当成个人主义和功利主义的代名词时，韦伯认为："当然要拒绝这样的表达方式，但他们的这种看法也不是完全没有道理。"我们说不定能劝杜威来这样看问题，虽然形而上学思想已经过时了，虽然理论研究与实验科学的差别越来越小了，实践、经验和问题却总是纠缠在一起，这三者结合不总是产生有益的结果，甚至也不一定产生能够通过实用主义的行动或者进一步的实验"可修正"的结果。总之，不让理论家胡说八道，仅仅是问题的一个方面。

今天，我们完全可以这样对韦伯说，被半信半疑的肯定不是"个体"、"民主"、"科学"或"实验"，而是制造或加工事物的强大能力。在我们这本书里，当然仅限于生物工程技术能力。首先，我们应该非常谨慎地提出科学问题，不要忘了"我们"究竟是谁。遗传物质的人为操作以及一系列前所未有的事件到底能创造什么样的生命形式，何种形式的"生活规则"与之相伴？其次，"经验"和"实验"是否过分依赖于一个被称作"机遇"的旧词儿，从而依赖于一个古老的"风险"安全感。

事件

PCR经常被人冠以"革命"二字。1990年,就有科学家在《科学》杂志上撰文指出:"我知道这个词已经被用滥了,但PCR确实是一次革命。"[9]他接着描述了,PCR在不同生物学领域里惊人的传播速度,以及PCR在节省科学家的时间、精力和资源等方面所拥有的巨大的潜力。事实上,"革命"这个词不但被用滥了,而且用得很不确切。我们从那篇文章令人费解的题目中也能看出这点来——"DNA序列测定的民主化"。严格地说,那篇文章的题目应读作:"获得克隆与基因的新途径。只要你知道了DNA序列而又掌握了PCR技术,你就能从人体总DNA中扩增得到你所需要的基因片段,再没有必要向其他实验室索取该基因或克隆了。"

擅长于讽刺式幽默的穆利斯,曾经嘲笑过那种认为PCR不是一次政治革命,就是一次科学革命的观点。他写道:

> 我知道在分子生物学领域里有两种不同的"革命"。第一种,在UCLA(加州大学洛杉矶分校)冬季学术讲座楼道外的寒风中,进行了周密部署的,一群年轻的、愤怒的全副武装的分子生物学家……在春天时一起来到贝塞斯达*,用他们手中的进攻型来福枪和难看的、完全没有爱国精神的幻灯片,一劳永逸地解决了有关国立卫生研究院博士后奖学金的全部问题。
>
> 第二种,指范式转换,当实在无法继续藏匿或勉强套用传统观念来解释令人无法理解的数据时,人们不得不重起炉灶,进行思路更新。于是,新的概念开始流行,论文或经费申请报告中的"引言"中也开始出现有新意的文字或段落。通常情况

---

* Bethesda,美国国立卫生研究院所在地。——译者

下，如果不等到大批占据重要地位的学术界权威退休或死去，任何变革都不可能发生。……

但是，我不认为PCR能够用上述两种"革命"加以说明。……它的发明并没有改变基因操作的本质。有了PCR，我们能在更广的范围内更快、更容易地进行基因操作，学术界也完全不用等到某人退休或死去后才能接受PCR。它只不过是一种新工具。……

作为一个简单的不起眼玩意，PCR很容易进入各个学术研究领域，每个人都在设法对PCR作出符合自己要求的改造，并将其应用于解决特定学术问题的过程中。[10]

穆利斯基本上是对的，因为他说PCR不是任何政治意义上的"革命"。不过，在发明PCR之前，大量学术研究机构的组织形式和经费分配方案，以及分子生物学研究在生物学乃至整个科学界的地位和分子生物学工作者的学术素质等，都发生了巨大变化，可以说，社会和政治的变化孕育了PCR。穆利斯基本上是对的，PCR也不是科学上的"革命"，因为它不可能回答科学界迅速膨胀的大量理论问题。不错，穆利斯确实发明了一个新概念，但是，PCR的历史特征并不在于其理论上的贡献，而在于它极大地推动了分子生物学的实践（这种作用本身与理论上的贡献同样重要）。

但是，当他说PCR并没有改变基因操作的本质，所以不是科学意义上的革命时，穆利斯犯了错误。第一，基因操作本身就是新鲜事物；第二，穆利斯本人并没有进行任何基因操作，他只不过用DNA做实验材料；第三，PCR技术本身的扩增或传播经历了一个过程，而那显然是一个逐步认识的过程；第四，观摩和PCR的实地操作以及PCR仪器的管理等需要大量不同的实验技术人员和资源；第五，他关于"PCR仅仅是一种新工具"的自谦之词,听起来缺乏说服力,说明穆利斯是个工于心计的人;第六,PCR是一种特色鲜明的工具,是生物技术研究的工具。

应该说,观念、技术、实践经验和管理等各方面都为PCR走向成熟提供了条件,它们看起来像是一块块"反弹板"。法国人类学家列维-斯特劳斯(Claude Lévi-Strauss)最先使这个词有了理论意义,在他的经典著作《野性的思维》(The Savage Mind)中,他指出:"反弹板的原意是在击球、狩猎、射击或骑马游戏中间接性发挥作用,它其实表示外力作用下物体运动方向的改变:球的反弹,马或猎犬在前进途中为了避开障碍而突然偏离既定方向等。"[11]从这个意义上说,PCR本身就像一块大的反弹板,而穆利斯就是这场游戏中的一名运动员,在他的努力多次被封堵后,他突然改变了方向,因而获得了成功。应该说,怀特对公司的宽松式管理也是导致这一成功的动力之一。没有这些偏离常规的行为,就没有PCR。

在那以后极短的时间里,经过不少古里古怪或妙不可言的大回转或正交运动,奇迹发生了:PCR概念变成了可操作的实验系统,变成了一项成熟的技术,后者又上升为新的概念。通过上述快速变化,或者说螺旋式上升,PCR应用的环境迅速形成了,最早仅在西特斯,然后在其他地方,再然后就遍及世界各地了。由于人为的原因,这些地方很快就变得千人一面了,尽管还没有到完全雷同这一步。[12]世界各地有成千上万的科学家和技术人员开始应用PCR技术,应用各种经修饰或改造的PCR技术,如嵌套式PCR、反向PCR、单分子扩增、通用引物、直接DNA序列测定、多重扩增、定量扩增、单配子体基因型检测、dUTP/UDG突变、组合文库、等温扩增、序列标志位点、古DNA技术、原位PCR、单一酶逆转录酶PCR、超长PCR等,不胜枚举。学习、应用、改造、再应用,到处都是各种型号的PCR仪、不同的PCR实验方法、不同的PCR实验空间、不同的PCR话语等。PCR显然不同于任何一种特定的用途,它最大的特点就是能不断推出新形式。穆利斯很早就强调,PCR没有实质内容,虽然有大量不同的实验试图将PCR的内涵实质化,但他们很快就发现这些努力只是为PCR的进一步非实质化提供了动力,为推出PCR的新形式提供了动力。

一个简单的不起眼玩意。

图　片

凯利·穆利斯

汤姆·怀特

亨利·厄利克

史蒂文·沙夫

贝兹·霍兹诺、杰夫·普赖斯和汤姆·怀特

戴维·盖尔芬德与罗伯特·法尔兹

兰德尔·才木

雪莉·夸克

埃伦·丹尼尔

诺曼·安海姆

关于访谈的说明

　　所有访谈都是作者本人亲自在加利福尼亚进行的,被访谈人和作者共同对访谈记录做了部分修改以保证文章的可读性。对盖尔芬德(第一章)的访谈是1992年8月分别在伯克利和奥克兰进行的,对法尔兹(第二章和第五章)的访谈是1993年10月和12月在伯克利进行的,对怀特(第二章)的访谈是1992年8月在伯克利进行的,对丹尼尔(第三章)的访谈是1995年5月在伯克利进行的,对夸克(第五章)的访谈是在阿拉梅达进行的,对普赖斯(第五章)的访谈是1993年10月在里士满进行的。

注　释

引言　以科学为业

1. 这个项目刚开始时，我感兴趣的只是人类基因组计划，特别是劳伦斯·伯克利实验室(LBL)所承担的那部分。但是，关于 LBL 未来发展方向的政治斗争使我无法继续这项研究，于是，我把工作的重心转移到了生物技术公司。到 1995 年，我开始在法国巴黎人类基因组作图中心从事研究工作。

2. King and Stansfield, 1990, 247.

3. Daniel E. Koshland Jr., "Perspective," *Science*, 22 December 1989, 1541.

4. Guyer and Koshland, 1989, 1543.

5. Patricia A. Morgan, 执行编辑, *Science*, 1986 年 3 月 12 日致穆利斯的信。

6. 穆利斯与康德拉塔斯(Raymond Kondratas)1992 年 5 月 11 日在加利福尼亚圣迭戈的会谈纪要，是史密森博物馆关于生物技术发展史档案的一部分。我多次从穆利斯本人已发表或公开的文献资料中直接引用原文，其实是出于两方面的考虑：一，到了 90 年代，无论在什么场合，穆利斯关于 PCR 的故事已形成定式，甚至连细节都相同了；二，这样做或许能防止发生法律上的纠纷。我本人与穆利斯曾有过多次的交谈，他曾去为我科学人类学史班上的学生讲课。我还在史密森博物馆访问穆利斯、编写相关部分生物技术发展史的过程中起了重要作用，我帮助他们制订了问题的大纲，并提供了背景材料。我感谢康德拉塔斯的大方和友善。

7. Stephen Scharf, 私人通信。

8. Henry Erlich, 私人通信。

9. Jacob, 1988, 234.

10. Norman Arnheim, 私人通信。

11. 虽然科拉纳当时拒绝在法庭上作证，但他后来曾公开表示他站在杜邦公司一边。在法庭上，诺贝尔奖得主科恩伯格支持了杜邦公司，他认为根据他自己以前有关 DNA 聚合酶的工作，PCR 技术其实是显而易见的事。另一位诺贝尔奖得主史密斯(Hamilton Smith)，当庭支持西特斯公司的立场。

12. 科恩伯格在他关于 DNA 扩增的教科书第一版中没有提到 PCR 技术。

13. Henry Erlich, 私人通信, 1993 年 4 月 10 日。

14. Mukerji, 1989, 197.

15. Wright, 1986a, 356.

16. Keller, 1985; Keller, 1992. 也可参考 Kay, 1993. Yoxen (1982) 最早对这里面的许多课题进行了研究。

17. Pauly，1987.

18. 一个例子参见Swann，1988。

19. *Rockefeller's Medicine Man*；Kohler，1976.

20. Dickson，1988.

21. Merton，1973,267.

22. Mulkay，"Sociology，" 51.

23. Collins，1975.

24. Shapin，1994，410.

25. 同上,413。

26. 同上,412。

27. 同上,414—15。

28. Weber，1946，135.

29. Dewey,1953,introduction，73—74.

第一章　走向生物技术

1. Rabinow，1992.

2. Office of Technology Assessment（OTA）1988,49.

3. Kloppenburg，1990.

4. Eisenberg，1987，186.

5. 改变对自然界的认识是关键。例如见Thomas 1983。

6. OTA，1988，50.

7. Jameson，1991.

8. OTA，1988，7.

9. Eisenberg，1987，186.

10. Teitelman，1989，14.

11. Smith，1990.

12. Teitelman，1989，17

13. Dickson，1988，ix.

14. 同上，21。

15. Krimsky，1982；Wright，1986b.

16. 只有与其他国家相应的调控手段或环境相比较,才能理解这一点。Wright，1994.

17. Krimsky，1982，10.

18. Kenney，1986，27.

19. P. Schaffer，"The architect's strategic role in planning and designing facilities for biotechnology，" *Genetic Engineering News* 3（March/April 1983）:23. 转引自 Kenney 1986，180。

20. Kenney'1986，182.

21. 同上,179。

22. Wright,1986a,347. 泰特尔曼在《基因的梦》(*Gene Dreams*)这本书中列出了不少制药行业巨头战略性地卷入生物技术产业的例子,联邦技术评估办公室(OTA)在年度报告(1984a,b)中给出了有关这方面的基本情况,Kenney(1986)也对此进行了很好的分析。

23. Kenney, 1986, 91.

24. 同上,18。

25. Kornberg, 1989, 294.

26. Paul Billings,私人通信,1992年6月16日。比林斯是基因组与伦理道德方面一个很活跃的发言人,他说从没有听到过哪个杰出科学家拒绝担任有报酬的公司顾问。

27. Kornberg, 1989, 289.

28. 同上,291。

29. 原西特斯科学家的话,1992年6月8日。

30. 西特斯公司有两个子公司,西特斯帕洛阿尔托公司和西特斯免疫公司,两者都由斯坦福大学的教授们建立并负责运行。也有不同的情况,如西特斯科学顾问组资深委员、诺贝尔奖得主莱德伯格就是一个很好的例子。他既不介绍自己的学生来公司,也不把公司的钱弄到他实验室去,他把公司对顾问组成员的要求——"着眼于5年以后"(即不拘泥于实验室日常事务)——看成是很严肃的事。西特斯的科学家们说,莱德伯格既不关心公司内部的政治斗争,不热衷于如何控制公司的股东们,也不用傲慢的眼光对待比他年轻的科学家。在科学顾问组会议上,他常常保持沉默。

31. 西特斯公司年报,1981年第6期。

32. 例如,来自斯坦福大学的西特斯科学顾问组成员就曾极力主张公司研究淋巴因子和免疫毒素,而反对从事任何生物活性蛋白质的研究。虽然他们坚持说很快就可能在这两个方面有突破性进展,但是,公司在此后对免疫毒素进行了许多年的研究,仍无重大突破。

33. Hall, 1987.

34. 其他例子有:白介素1和白介素3,肿瘤坏死因子,淋巴毒素,巨噬细胞、有粒白细胞和巨核细胞集落刺激因子,促红细胞生成素等。它们都能影响血细胞的生成和功能。

35. 西特斯公司年报,1981年第2期。

36. 同上,第1—2期。

第二章　西特斯公司:一股可信赖的力量

1. Kenney, 1986,157.

2. "Cetus, a Genetic Engineering Firm, Plans Initial Public Offer of 5.2 Million Shares," *Wall Street Journal*, 14 January 1981.

3. 同上。

4. 西特斯公司年报,1981年第18期。

5. cDNA,又叫互补DNA,由反转录酶复制RNA模板而得到,与核基因相比,它缺少非编码的内含子区,因此,cDNA文库是将某一特定生物的特定细胞中的信使RNA(mRNA)反转录以后全部插入到可长期保存和自主复制的克隆载体之中所得到的集合体。由于在每一种特定的细胞中,活跃表达的基因数总是明显少于核基因总数,所以,筛选cDNA文库相对较容易,筛选核DNA文库就相对较难。见King and Stansfield 1990,49。

6. 西特斯公司年报,1982年第2期。

7. 作者与普赖斯和怀特的谈话,1993年夏天。

8. 怀特的备忘,1981年4月1日。

9. 同上。

10. 怀特的备忘录,1981年12月15日。

11. 西特斯公司年报,1982年第2期。

12. 同上。

13. 怀特给普赖斯的备忘录,1984年1月20日,第3页。

14. 白介素的定义是:"单核白细胞所分泌的能够刺激淋巴细胞生长和分化的蛋白质。……白介素2主要由受白介素刺激并有抗原与T细胞受体结合的辅助T淋巴细胞所分泌。白介素2与T淋巴细胞相结合,导致这些细胞增殖并分泌淋巴因子。"见King and Stansfield,1990,165页。淋巴因子的定义是:"与相应抗原接触后,T淋巴细胞所分泌的分子量为10 000—200 000的异质性糖蛋白。淋巴因子的作用在于它对其他宿主细胞产生影响,而不是与抗原发生直接反应。"同上,第183页。

15. Teitelman, 1989, 28.

16. 参见Panem,1984的综述报告。

17. Tadatsugu Taniguchi博士本人的意见。

18. Teitelman, 1989,35.

19. Rosenberg, 1992,114.

20. Rosenberg, 1992,152.

21. Shilts, 1987, 366.

22. 与普赖斯的访谈,1993年10月5日。

23. Kenney, 1986, 171.

24. *Wall Street Journal*,1982年6月2日。从1979年以来,加州标准石油公司已经在果糖发酵的项目上投资了近800万美元。

25. "Cetus Corp. Trims Variety of Products to Commercial Core," *Wall Street Journal*,1982年7月23日。

26. 西特斯公司年报,1983年第3期。

27. 同上,第2期。

28. 他们共从个人投资者那里筹集了7500万美元,用于兴建保障人体健康的诊断和治疗中心——西特斯健康保障有限责任公司。那家公司亏损500万美元以上。

29. *Wall Street Journal*，1983年5月10日。

30. Rosenberg，1992，169.

31. 同上，第196页。

第三章　PCR：实验氛围＋概念

1. 作者与厄利克的访谈，1993年8月9日。

2. 作者与才木的访谈，1992年6月10日。

3. Holtzman，1989，64.

4. Conner et al.，1983.

5. 作者与才木的访谈。

6. 康德拉塔斯与穆利斯的访谈录。除非有专门说明，这一节里所有的引文都出自该访谈录。

7. 同上。

8. 同上。

9. Tom White，私人通信，1992年8月15日。

10. 美国联邦地方法院，北加州地方法院，杜邦公司与西特斯公司诉讼案卷宗第1819页，1991年2月5日。

11. 同上，第1840页（1991年2月6日）。安海姆不同意这种说法，他认为这在当时已不是什么新东西了。

12. 同上，第1817页。利文森说，西特斯公司所拥有的第一台DNA合成仪是从加拿大传来的，但没有功能。

13. 与穆利斯的访谈。

14. 杜邦公司与西特斯公司诉讼案卷宗，第1856页。

15. 作者与利文森的访谈，1995年1月20日。

16. 关于科学发现的解释，参见Root-Bernstein，1989。

17. *Sunset Western Garden Book*，17th ed.（Menlo Park, CA, Lane Publishing Co，1976），175.

18. Mullis，1990，57.

19. Arthur Kornberg，1989，chapter 5，"The Synthesis of DNA."

20. Mullis，1990，60.

21. 同上，第61页。这个说法不很准确。穆利斯的意思是，因为模板是双链DNA，所以新扩延的DNA链中的一半仍有完全相同的序列，而另外一半则拥有与此互补的序列。

22. 杜邦公司与西特斯公司诉讼案卷宗，第1870—1871页。

23. 同上，第1874页。

24. 同上，第1875页。

25. 同上,穆利斯的证词,1990年5月1日。

26. 利文森访谈。

27. 杜邦公司与西特斯公司诉讼案卷宗,第1971页。

28. 同上,第1974页。

29. 同上,第1879页。

30. 同上,穆利斯的证词,第60页。

31. 同上,第64页。

32. 同上,第74—75页。

33. 杜邦公司与西特斯公司诉讼案卷宗,第1880—1881页。

34. 见King and Stansfield, 1990, 243。

35. 杜邦公司与西特斯公司诉讼案卷宗,穆利斯的证词,第91页。

36. 同上。

37. 同上,第1883页。

38. 同上,第1886页。

39. 同上,第1991页。

40. 同上,第105—111页。

41. 同上,第115页。这是第1000号实验记录本中的最后一个实验。

42. 穆利斯,"1983年6月至1984年6月的主要工作",怀特于1984年6月8日收到。

43. 杜邦公司与西特斯公司诉讼案卷宗,第1893—1894页。

44. 作者与怀特的访谈,1994年7月。

45. 同上。怀特当时说:"安海姆也曾就PCR法的应用提出了很好的建议,他认为,虽然我们已证明PCR法能扩增质粒DNA,但若仅限于这一种模板,对这种方法感兴趣的人可能不会很多。因此,必须从核DNA中扩增某个单拷贝基因,如从人DNA中扩增β珠蛋白基因(相当于镰状细胞贫血突变体的诊断和检测实验),才能使大多数科学家对此感兴趣。所以,安海姆提出了鉴定PCR法的标准,这是他对该方法的关键性贡献。穆利斯一贯对此予以否认,他总是说:'这太简单了,每个人都可能想到这一点。'但是,在当时,那确实是判定PCR法会不会被推广的重要标准。"

46. 同上。

47. 与利文森的访谈。

第四章　从概念到工具

1. 杜邦公司与西特斯公司诉讼案卷宗,第2600页,1991年2月13日。

2. Arnheim, 1983.

3. 这一节主要基于作者在1992年8月5日对安海姆和怀特所进行的非常详细的访谈笔录。

4. 80年代初期,科学家通常都采用提高探针专一性和敏感度的策略,来克服诊断过程中信号太弱的问题。从逻辑上看,那确实是当时技术和思维的最高方式,尽管人们已经知道仅仅依靠提高探针专一性很难彻底解决问题。因此,华莱士(Bruce Wallace)所发明的被称为寡核苷酸印迹杂交技术,虽然美其名曰等位基因特异性寡核苷酸探针技术,仍然依靠引入探针内部的大量放射性原子来提高杂交信号的强度。从理论上说,应用放射性元素越多,得到的信号也越强。但是,大量引入放射性元素,导致探针降解速度加快、实验背景升高,防护要求也大大提高了。于是,改善专一性探针与目标DNA结合效率的问题就成了一个老大难问题。

5. 与安海姆和怀特的访谈。

6. 作者与沙夫的访谈,1992年8月3日。

7. 同上。

8. 同上。

9. 同上。

10. PCR专利权的故事很复杂,在如何起草专利文本及PCR技术本身究竟有多大贡献这两方面都存在着巨大的分歧。

11. Daniell, 1994, 424.

12. 与怀特的访谈。

13. 同上。

14. 与安海姆的访谈。

15. 与怀特的访谈。

16. 同上。

17. Saiki et al., 1985, 1350.

18. 同上。该论文注解12中引用了穆利斯和法罗纳"待发表"的论文。

19. Saiki et al., 1985, 1354.

20. Watson and Crick, 1953, 738.

21. 康德拉塔斯与穆利斯的访谈。穆利斯曾希望在论文的结尾写上这样一段话:"实验将证明你能扩增β珠蛋白基因片段,那将是DNA凝胶上的单一条带。你可以用识别野生型β珠蛋白基因或识别任何其他位点的内切核酸酶对此进行鉴定,你会看到该酶只在特定部位切割这个扩增片段。于是,你就能断定所扩增的模板DNA究竟是野生型还是镰状细胞贫血突变体DNA。这将是一个绝妙的非放射性诊断方法,因为它充分利用了PCR可以大量扩增目标DNA序列并使其在凝胶上形成鲜明条带的优势。安海姆等人坚持采用原来的文字。他们只想尽快发表该论文。"

22. 与穆利斯的访谈。

23. 同上。

24. Mullis et al., 1986.

25. 同上,第263、268页。

26. 我特别要感谢盖尔芬德,他向我耐心地解释了聚合酶。关于三种不同的聚合酶,参见 Kornberg, 1989, 第七章, "Astonishing Machines of Replication", 第207—239页。也可参见与穆利斯的访谈。

27. 因为最早时用"不耐热的"克列诺片段作为聚合酶来扩延引物,在95 ℃下进行DNA复性时,该酶就失去活性。所以,每经过一次DNA变性,就必须加一次聚合酶。西特斯公司发明了一个多平面溶液处理器——Pro/Pette。"经过改造后,它被用作双重温度控制装置,能同时处理2×48个样品。该处理器的前半部既被用来固定样品——48个开了盖的小试管,又通过一个闸阀与两个不同温度的水浴(一个94 ℃,另一个37 ℃)相连。处理器后半部置于4 ℃水浴中。用一个控制器来确定被扩增样品在高温和低温水浴中的时间,并驱动闸阀以改变前半部的温度。该控制器还能指挥一个多孔道操作头及时取用48个新移液管,及时从后半部4 ℃水浴中吸取一定量的克列诺溶液,并在适当的时候分别把这些溶液加入前半部48个装有待扩增DNA样品的试管中,进行新一轮的DNA复制。"见Oste,1989,24。该仪器现陈列于华盛顿特区的史密森博物馆内。

28. 那很昂贵。虽然西特斯公司是该酶的大批量买主,享有较高的优惠率,但在1985年,仅该酶的费用就是每个循环1美元。这就是说,做一次有30个循环的PCR,光是聚合酶就得花30美元。到了1993年,*Taq* DNA聚合酶价格大约是每30个循环50美分或略高些。如果不问价钱,首要目标当然是进行DNA扩增,克列诺片段确实也能做到这一点。

29. 作者与盖尔芬德的访谈,1993 年7 月2 日。另见Chien, Edga and Treia, 1976;Kaleidin, Siyusarenko and Gorodetski, 1980。现在还不知道为什么有些DNA聚合酶具有耐热性,估计可能与这些蛋白质中氨基酸的立体构象有关。对西特斯公司来说,最大的问题是,DNA聚合酶并不能非常严格地识别4种不同的脱氧核苷酸三磷酸底物。为什么DNA聚合酶在体外反应中的错配率明显高于体内反应时呢? 为什么体外DNA复制时会发生错配呢? 是不是细胞的内部环境决定了聚合酶复制DNA的忠实性,有必要尽快弄清这一点。

30. 作者与盖尔芬德的访谈,1993 年7 月29 日。

31. 与穆利斯的访谈。

32. 与盖尔芬德的访谈。

33. 同上。

34. 与穆利斯的访谈。

35. 与盖尔芬德的访谈。

36. 与穆利斯的访谈。

37. 离开西特斯以后,穆利斯成了许多生物技术公司的顾问。他的个人简历表明,甚至在他获得诺贝尔奖以前,就已经有越来越多的地方请他去讲课了。那以后,除了有关西特斯的工作,他不再发表经正式审查的科研论文。

第五章 真实支票

1. 厄利克对胰岛素依赖型糖尿病这一类自身免疫病与HLA多态性之间的关系特别感兴趣。为了更详细地研究这类疾病的遗传学位点和多态性,就必须建立亲兄弟姐妹之间的基因组文库,因为亲兄妹之间共享了HLA染色体位点。有了文库,就能通过克隆和测序等方法确定哪一条染色体的哪一个部位发生了突变。虽然基因组作图的结果肯定会产生诱人的前景,这项工作本身却十分费时费力。通过分别检测病人与健康对照组中等位基因的分布及序列变化,科学家就能确定哪些突变的出现与疾病的发生关系较为密切。一般说来,与疾病密切相关的遗传学突变即使不是病因,也肯定提高了患病概率。西特斯在研究胰岛素依赖型糖尿病(IDDM),或称1型糖尿病(一种自身免疫病)时首次采用了这种方法。虽然对HLA的血清分型研究表明,某些HLA类型可能与患病有关,PCR水平的实验却能更精确地了解患者特定遗传学位点的突变。"Ⅱ型组织相容性分子是由α重链和β轻链组成的二聚体,它们由HLA复合体中的基因编码,这类大分子中最主要的序列突变集中发生在β轻链上的一个特定区域内。"见King and Stansfield, 1990, 148。这一节的主要内容基于作者与厄利克的访谈,1993年6月23日。

2. Daniell, 1994, 421—423.

3. 厄利克实验室第一篇关于应用PCR技术分析HLA复合基因簇的论文,发表在1986年9月5日那一期《科学》杂志上。

4. "附加体可能有如下表现形式:(1)作为宿主细胞内的一个自主复制单元,独立于细菌染色体DNA的复制过程;(2)作为宿主细菌染色体DNA的一个附加成分而得到复制和保存。"King and Stansfield, 1990, 106.

5. 西特斯公司在1986年11月把第一篇应用PCR技术研究传染病的论文送交 *Journal of Virology*(发表在该杂志1987年5月号),Kwok et al., 1987。

6. 张成,他曾是怀特手下主管研究的助理主任,就该被提升为研究部主任。

7. 作者与法尔兹的访谈,1993年12月10日。

8. 作者与盖尔芬德的访谈,1993年7月8日。

9. White et al., 1990; Bruns, White and Taylor, 1991.

10. *Wall Street Journal*, 11 January 1989.

11. 在1990年个人简历中,怀特这样描述自己的职业:"我同时受罗氏诊断部总裁和罗氏公司主管创新性研究的副总裁双重领导,负责管理由罗氏和西特斯联合经营的PCR诊断部(该部有35个人,每年经费600万美元)。与此同时,我还负责在加利福尼亚筹建一个有30名员工的罗氏诊断研究开发中心。总之,我不但主管并设计和建造有2000平方米的实验室,65位科学家,每年经费总预算900万美元,还全面负责罗氏–西特斯的合作项目。"由怀特新建的罗氏诊断研究(后来被称为罗氏分子实验系统)实验室位于加州阿拉美塔,在罗氏公司购买了西特斯PCR研究部和PCR商业开发使用权以后,他们扩建了该实验室,把所有相关研究都搬到了那儿。

12. 法尔兹把日期记错了。他们应该从1982年开始这个项目,1984年进入临床一期,1992年得到批准文号。

13. 凯普几次拒绝回答我希望他就此事谈谈看法的书面请求。

14. *Wall Street Journal*, 17 August 1990.

15. *Wall Street Journal*, 23 July 1991.

结语 一个简单的不起眼玩意

1. 作者与才木的访谈，1993年11月12日。

2. 作者与厄利克的访谈，1993年11月9日。

3. 作者与怀特的访谈，1993年11月28日。

4. Weber, 1946, 152.

5. Weber, 1958, 51.

6. Henry Erlich,私人通信，1995年6月8日。

7. Weber, 1946, 152.

8. John Dewey, "Logic of Judgments of Practice," Dewey, 1953, 441—442.

9. Tim Appenzeller, "Democratizing the DNA Sequence," *Science* 247 (2 March, 1990): 1030. 那篇文章里引用了穆利斯的一句话："我很幸运,第一次试验就获得了成功。"

10. 穆利斯,为Mullis、Ferre和Gibbs 1994年那本书写的前言。

11. Lévi-Strauss, 1966, 16. 法文原文如下："*Dans son sens ancien, le verbe bricoler s'applique an jeu de balle et de billard, à la chasse et à l'équitation, mais toujours pour évoquer un mouvement incident: celui de la balle qui rebondit, du chien qui divague, du cheval qui s'écarte de la ligne droite pour éviter un obstacle*"; *La Pensée Sauvage* (Paris:Plon,1962),26。

12. 林奇(Michael Lynch)和乔丹(Kathleen Jordan)仍在研究这个问题。

参考文献

Arnheim, N., 1983. "Concerted Evolution of Multigene Families." In *Evolution of Genes and Proteins*, edited by M. Nei and R. K. Koehn, 38–62. Sunderland, MA: Sinauer Associates, Inc.

Bruns, T. D., T. J. White, and J. E. Taylor, 1991. "Fungal Molecular Systematics." *Annual Review of Ecology and Systematics*. 22:525–64.

Chien, A., E. B. Edgar, and J. M. Treia., 1976. "Deoxyribonucleic acid polymerase from the extreme thermophile thermus aquaticus. *Journal of Bacteriology* 127: 1550–57.

Collins, H., 1975. "The Seven Sexes: A Study in the Sociology of a Phenomenon, or The Replication of Experiment in Physics." *Sociology* 9: 205–24.

Conner, B., A. Reyes, C. Morin, K. Itakura, R. Teplitz and R. Wallace, 1983. "Detection of sickle cell beta-s globin allele by hybridization with synthetic oligonucleotides." *Proceedings of the National Academy of Sciences U.S.A.* 80 (January): 278–82.

Crick, F., 1988. *What Mad Pursuit: A Personal View of Scientific Discovery*. New York: Basic Books.

Daniell, E., 1994. "PCR in the Marketplace". In PCR: *The Polymerase Chain Reaction*, edited by K. Mullis, F. Ferre, and R. Gibbs, 421–36. Basel: Birkhauser.

Dewey, J., [1917] 1953. *Essays in Experimental Logic*. New York: Dover over Books.

Dickson, D., 1988. *The New Politics of Science*. 2d ed. Chicago: University of Chicago Press.

Dreyfus, H.L. and P. Rabinow, 1979. *Michel Foucault: Beyond Structuralism and Hermeneutics*. Chicago: University of Chicago Press.

Eisenberg, R. S., 1987. "Proprietary Rights and the Norms of Science in Biotechnology Research." *Yale Law Journal* 97, no.2 (December): 177–231.

Erlich, Henry, ed., 1989. *PCR Technology: Principles and Applications for DNA Amplification*. New York: Stockton Press.

Guyer, R. L. and D. E. Koshland Jr., 1989. "The Molecule of the Year." *Science*, 22 December, 1543.

Hall, S. S., 1987. *Invisible Frontiers: The Race to Synthesize a Human Gene*.

Redmond, WA: Tempus Press.

Holtzman, N. A., 1989. *Proceed with Caution: Predicting Genetic Risks in the Recombinant DNA Era*. Baltimore and London: Johns Hopkins University Press.

Jacob, F., 1988. *The Statue Within*. New York: Basic Books.

Jameson, F., 1991. *Postmodernism, or the Cultural Logic of Late Capitalism*. Durham, NC: Duke University Press.

Kaleidin, A. S., A. G. Siyusarenko and S. I. Gorodetski, 1980. "Isolation and properties of DNA polymerase from extremely thermophilic bacterium Thermus aquaticus YT1." *Biokhimiya* 45:644-51.

Kay, L. E., 1993. *The Molecular Vision of Life: Caltech, the Rockefeller Foundation, and the Rise of the New Biology*. New York: Oxford University Press.

Keller, E. F., 1985. *Reflections on Gender and Science*. New Haven: Yale University Press.

——., 1992. *Secrets of Life, Secrets of Death: Essays on Language, Gender and Science*. New York: Routledge.

Kenney, M., 1986. *Biotechnology: The University-Industry Complex*. New Haven: Yale University Press.

King, R. C. and W. D. Stansfield, 1990. *A Dictionary of Genetics*. 4th ed. New York: Oxford University Press.

Kloppenberg, J. R. Jr., 1988. *First the Seed.: The Political Economy of Plant Biotechnology*, 1492-2000. Cambridge: Cambridge University Press.

Kohler, R., 1976. "The Management of Science: Warren Weaver and the Rockefeller Foundation Program in Molecular Biology." *Minerva* 14: 249-93.

Kornberg, A., 1989. *For the Love of Enzymes: The Odyssey of a Biochemist*. Cambridge: Harvard University Press.

Krimsky, S., 1982. *Genetic Alchemy: The Social History of the Recombinant DNA Controversy*. Cambridge, MA: MIT Press.

Kwok, S., D. H. Mack, K. B. Mullis, B. Poiesz, G. Elrich, D. Blair, A. Friedman-Kien, and J. J. Sninsky. 1987. "Identification of Human Immunodeficiency Virus Sequences by Using In Vitro Enzymatic Amplification and Oligomer Cleavage Detection." *Journal of Virology* 61 (5): 1690-94.

Lévi-Strauss, C., 1966. *The Savage Mind*. Chicago: University of Chicago Press.

Merton, R., 1973. "The Normative Structure of Science." In Merton, *The Sociology of Science: Theoretical and Empirical Investigations*. Chicago: University of Chicago Press. Originally published as "Science and Technology in a Democratic Order," *Journal of Legal and Political Sociology* 1 (1942): 115-26.

Mukerji, C., 1989. *A Fragile Power: Scientists and the State*. Princeton: Princeton University Press.

Mulkay, M., 1980. "Interpretation and the Use of Rules: The Case of the Norms of Science." *In Science and Social Structure: A Festschrift for Robert K. Merton*, Transactions of the New York Academy of Sciences, edited by Thomas Gieryn, 2d ser., no. 39, 111-25.

Mullis, Kary. 1990. "The Unusual Origin of the Polymerase Chain Reaction." *Scientific American*, April, 56-65.

Mullis, Kary, F. Faloona, S. Scharf, R. Saiki, G. Horn, and H. Erlich. 1986. "Specific Enzymatic Amplification of DNA in Vitro: The Polymerase Chain Reaction." *Cold Spring Harbor Symposium in Quantitative Biology* 51: 263-73.

Nietzsche, F., [1885] 1968. *Beyond Good and Evil*. In *Basic Writings of Nietzsche*, edited by Walter Kaufmann. New York: The Modern Library.

Office of Technology Assessment (OTA). 1984a. *Commercial Biotechnolgy: An International Assessment*. Washington, DC: U.S. Government Printing Office.

——. 1984b. *Technology, Innovation, and Regional Economic Development*. Washington, DC: U. S. Government Printing Office.

——. 1988. *New Developments in Biotechnology: Ownership of Human Tissues and Cells*. Washington, DC: U. S. Government Printing Office.

Oste, C., 1989. "PCR Automations." In *PCR Technology: Principles and Applications for DNA Amplification*, edited by Henry Erlich, 23-30. New York: Stockton Press.

Panem, S., 1984. *The Interferon Crusade*. Washington, DC: The Brookings Institute.

Pauly, P. J., 1987. *Controlling Life: Jacques Loeb and the Engineering Ideal in Biology*. New York: Oxford University Press.

Rabinow, P., [1989] 1995. *French Modern: Norms and Forms of the Social Environment*. Reprint. Chicago: University of Chicago Press.

——. 1992. "Artificiality and Enlightenment: From Sociobiology to Biosociality." In *Incorporations*, edited by J. Crary and S. Kwinter, 234-52. New York: Zone.

Rheinberger, Hans-Jorg, 1992. *Experiment, Differenz, Schrift, Zur Geschichte epistemischer Dinge*. Warburg: Basiliskenpresse.

Root-Bernstein, R. S., 1989. *Discovering, Inventing and Solving Problems at the Frontiers of Scientific Knowledge*. Cambridge, MA: Harvard University Press.

Rosenberg, S. A., and J. Barry, 1992. *Transformed Cell: Unlocking the Mysteries of Cancer*. New York: Avon Books.

Saiki, R. K., S. Scharf, F. Faloona, K. Mullis, G. Horn, H. E. Erlich and N. Arnheim, 1985. "Enzymatic Amplification of Beta-Globin Genomic Sequences and Restriction Site Analysis for Diagnosis of Sickle Cell Anemia." *Science* 230: 1350-54.

Shapin, Steven. 1994. *A Social Histroy of Truth: Civility and Science in Seven-*

teenth Century England. Chicago: University of Chicago Press.

Shilts, Randy, 1987. *And the Band Played On: Politics, People and the AIDS Epidemic.* New York: St. Martin's Press.

Smith, Jane S., 1990. *Patenting the Sun: Polio and the Salk Vaccine.* New York: Morrow.

Snow, C. P., [1959] 1964. *The Two Cultures and a Second Look.* Cambridge: Cambridge University Press.

Swann, John P., 1988. *Academic Scientists and the Pharmaceutical Industry.* Baltimore and London: Johns Hopkins University Press.

Teitelman, Robert, 1989. *Gene Dreams: Wall Street, Academia and the Rise of Biotechnology.* New York: Basic Books.

Thomas, Keith, 1983. *Man and the Natural World.* New York: Pantheon Books.

Watson, J. D. and F. H. Crick, 1953. "Molecular Structure of Nucleic Acids: A Structure for Deoxyribose Nucleic Acid." *Nature* 171 (25 April): 737-38.

Weber, Max., 1946. "Science as a Vocation." In *From Max Weber: Essays in Sociology*, edited by H. Gerth and C. W. Mills. New York: Oxford University Press.

———, 1958. *The Protestant Ethic and the Spirit of Capitalism.* New York: Scribner's.

White, Tom., T. Bruns, S. Lee, and J. Taylor, 1990. "Amplification and direct DNA sequencing of fungal ribosomal RNA genes for phylogenetics." In *PCR Protocols: A Guide to Methods and Applications*, edited by H. Erlich, 315-22. New York: Stockton Press.

Wright, S., 1986a. "Recombinant DNA Technology and Its Social Transformation, 1972-1982." *Osiris*, 2d ser., no. 2, 303-60.

———, 1986b. "Molecular Biology or Molecular Politics? The Production of the Scientific Consensus on the Hazards of Recombinant DNA Technology." *Social Studies of Science* 16: 593-620.

———.1994. *Molecular Politics.* Chicago: University of ChicagoPress.

Yoxen, E., 1982. "Giving life a New Meaning: The Rise of the Molecular Biology Establishment." *Sociology of the Sciences* 6: 123-43.

图书在版编目(CIP)数据

PCR传奇:一个生物技术的故事/(美)保罗·拉比诺著;朱玉贤译.—上海:上海科技教育出版社,2024.5

书名原文:Making PCR: A Story of Biotechnology

ISBN 978-7-5428-8126-7

Ⅰ.①P… Ⅱ.①保… ②朱… Ⅲ.①聚合酶链式反应—普及读物 Ⅳ.①Q503-49

中国国家版本馆CIP数据核字(2024)第038647号

责任编辑　潘　涛　宋　芳　伍慧玲
封面设计　符　劼

PCR　CHUANQI
PCR传奇——一个生物技术的故事
[美]保罗·拉比诺　著

朱玉贤　译

出版发行　上海科技教育出版社有限公司
　　　　　　(上海市闵行区号景路159弄A座8楼　邮政编码201101)

网　　址	www.sste.com　www.ewen.co
经　　销	各地新华书店
印　　刷	上海商务联西印刷有限公司
开　　本	720×1000　1/16
印　　张	13.5
版　　次	2024年5月第1版
印　　次	2024年5月第1次印刷
书　　号	ISBN 978-7-5428-8126-7/N·1216
图　　字	09-2023-1173
定　　价	58.00元